朝。食光

食光

Eve 梁郁芬・著

款待家人的早餐提案，
手作麵包╳暖胃湯品╳舒食米飯，60道美好料理

悅知文化

四年八百份，小毛蟲早餐日記

2016 年 8 月 29 日，是兒子第一天上小學的日子。那一天我早早起了床，把自己關進廚房裡，一向好睡的我罕見的失眠了，一整夜翻來覆去怎樣也睡不好。心中有點緊張，小學可不比整日唱唱跳跳的幼稚園，又是學習又是功課還有台外雙導師，加上開學第一天就得在學校待到下午四點半，小小的孩子能適應嗎？

頂著鬧哄哄的腦袋，預熱烤箱，放入昨晚事先做好的法式鹹派，爐上的滾水躺著一小截玉米，桌上有孩子爺爺送的海燕窩，以及兩份水果。我靠著水波爐嗡嗡嗡的運轉聲、琺瑯鍋咕嘟咕嘟的煮水聲穩自己的心。深呼吸，沒事的，我這樣告訴自己。

天字第一號毛蟲家小學生早餐,就在這樣的心情下誕生了,照片被我記錄在 Instagram 裡,至於當天的不安與迷惘,我一句也沒提。但那些忐忑卻從未消逝,首發照片即使多年後再次映入眼簾,那一頁心情就如同隱形字幕同步敲進我心底,字字句句,鮮明且歷歷在目。

媽媽的心哪,只要攸關孩子,怎麼忘得了?

還好,媽媽的不安只是媽媽自己的,兒子很快就融入校園生活,我們一起編寫的早餐日記:我負責煮,他負責吃,也就順勢在真實生活,同時也在 Instagram 以「#小毛蟲早餐日記」正式帶狀運行。四年多過去,至今仍是現在進行式。

第三年,女兒加入,我的家庭早晨餐館新添一名可愛小食客,她東西吃得慢慢的,時常拖慢廚房歇息的進度,卻因為很愛我這位主廚,於是接納我所端出特別的、不特別的

任何一道料理。夏秋的窗旁,沐著陽光;冬春的燈下,流洩的樂音悠揚,我的兩個孩子每一天、相同的時間,習慣在方桌前坐下,扒飯、吃麵包、挖幾口優格、品嚐新口味的熱湯。

十六個春夏秋冬,八百多個週間尋常,兄妹倆沒有帶過一份早餐上校車晃呀晃,也沒有在學校吃過任何一餐冷掉的晨膳。其實不是刻意安排,更沒有精心策劃,我只是先讓自己成為一座大鬧鐘,日日在固定的時間醒來,在固定時間叫醒孩子,讓他們在固定時間坐下用餐,並且在固定時間梳洗出門,如此堅持著而已。

於是，日升月落，孩子在時光流轉、周而復始間慢慢長大了。兄妹倆身體健康、情緒穩定、有安全感、學習效果也很好，而我也有幸在每個早晨與傍晚的買菜煮飯工事裡，漸漸累積一些小心得，更因家人對飲食接納之寬廣，於是得以嚐試不少有趣的料理，非常幸運。

我們家早餐吃得很多元，週一到週五，有中式、西式偶爾也來點日式花樣，我堅持以這樣的模式讓自己始終保持新鮮感，才不會被一成不變的工事帶走熱忱。也因為孩子愛我、寵我，他們不僅在吞下可愛的熊熊兔兔麵包後，會笑得像小太陽，更願意一大早手捧冒煙的麻油雞，大口吸著麵條，直說：「好好吃喔！謝謝媽咪。」

曾經從朋友口中輾轉耳聞，有人認為只有不必上班的媽媽，才有精力每天做不同的早餐。但我身邊有不少用心生活的人，她們有份挑戰性的工作，有個家要照顧，仍然日日早起為家人打理餐食，同時把自己照料得美麗健康。我透過 Instagram 認識一位老師，老師算是所有行業中，屬一屬二需要早起的職業，仍堅持每天為三個孩子端出營養早餐，有時是她親手烤的麵包，偶爾是中式的熱飯、熱湯，餐桌日日是風景。

如果，妳也期待孩子作息固定，每天精神飽滿上學去；如果，妳也期盼廚房餐廳熱熱鬧鬧充滿溫度，讓家的味道陪伴孩子長大，替先生更為自己帶來幸福感，那麼不妨從早晨的第一餐開始。我們可以吃得很簡單，也可以替餐桌添點變化，只要善用前一天零碎的時間，多堅持一點點，妳將會發現，日日累積的廚事不僅成就一家人的健康，更能成為妳的養分，熟練的廚藝將會幫助妳即便油裡來火裡去，依舊得心應手，出了廚房仍可以活出自己，燦爛如花。

Eve 梁郁芬

推薦序

與毛蟲媽咪 Eve 的相遇，是從無意間在 IG 上發現溫馨的晨光早餐美照開始。細膩的餐點、用心的擺盤、有品味的餐具、柔和的燈光，樣樣都吸引著我的目光，忍不住一口氣滑完所有發文，爾後每日關注。

聰明的毛蟲媽咪擅長利用前一晚先備料、早晨醒來快手料理，這點跟我很相似！但是她比我更聰明的一點是，會在前一晚先將餐桌 Setting 好，早晨更能不疾不徐地完成擺盤，討好兩位小食客。

每日的早餐，除了營養的考量之外，還非常具有巧思、不失童趣。是我眼裡最棒的早餐風景！一日之計在於晨、早餐是一天的活力的開始，毛蟲家的早餐讓大家充滿活力與好心情！跟著 Eve 一起做，讓孩子每日迫不及待期待早晨的來臨，不需要鬧鐘，就會自動起床坐在餐桌前，等候媽咪美味的早餐。

A Style お弁当日記版主 _Amanda Liu

跟郁芬已經認識超過十年了，她對家庭的用心與獨特的生活美學，讓我深深佩服。我就像小粉絲般，關注她的 IG、欣賞毛蟲家的餐桌風景，再看看她寫的心情瑣事，是我每天早晨的精神食糧。在得知她終於願意挪出時間寫書的那一刻，幾個好朋友都圍著她歡呼尖叫，她將餐點結合美學，每道料理端出來都像是一幅賞心悅目的畫，有著魔力深深吸引著我，重點是非常可口又能兼顧營養，我們可是品嚐過很多次了呢！加上她對孩子的培養與教育，更是朋友圈中，最名副其實的 100 分好媽媽。

在翻開這本書時，相信大家都跟我一樣，會忍不住發出讚嘆，每道料理都美到不行。可愛的造型麵包、日式早餐、中式米飯、暖胃湯品，甚至還有甜口味的早餐，豐富的料理變化，只要先學會作者的獨門祕技：自製天然調味鹽、昆布柴

魚高湯、實用的基礎麵團製作、為食物畫表情,都是媽媽們最實用的必學料理知識。

書中的每道食譜,都不難也不需花太多時間,相信媽媽們只要多一點心思,就能帶給全家人最溫暖的感受。除了食譜,透過文字與照片,更能感受到作者用心生活的態度,是渴望營造溫馨家庭氛圍的妳,不能錯過的一本書。

Rita 的幸福家庭日記 _Rita

前幾年不常使用 Instagram 的我,無意中在 IG 瀏覽到 Eve 的朝食餐桌照片及溫暖文字,就設定開啟更新通知,讓我不知不覺中對 IG 開始上癮,每日都想搶先看她為毛蟲兄妹倆精心準備的早餐,極具巧思變化各式各樣的美味餐點,盛裝在用心搭配的質感器皿裡,讓餐桌總是美得像幅畫,令人心神嚮往。我也常在她的 IG 貼文下留言:「看她的餐桌美食,都想要舔手機螢幕啦!」真心羨慕毛蟲兄妹倆的好口福。

終於在粉絲們敲碗下,Eve 將這四年多的早晨餐桌風景,記錄在《朝。食光》中,不藏私地分享了日日早餐的食譜及擺盤密技,如何以手邊現有食材,規劃一週的早餐菜單,有效率地變化出中式、西式、日式及烘焙類的營養早餐,以充滿愛及生活儀式感的溫暖朝食餐桌,開啟毛蟲兄妹倆的每日幸福食光。

光看著這本書的目錄,有手作麵包、抹醬、暖胃湯品和舒食米飯等多樣美味食譜,就令人雀躍不已,已迫不及待想學習 Eve 的朝食料理,好好款待家人。最後想跟 Eve 說:「謝謝妳的辛苦與堅持,讓我這位忠實粉絲,能有機會藉由此書收藏妳家中的早餐風景,真的很美好,太開心了!」

珈常日々雜話曆 _Roka

Contents 目錄

日日早餐的規劃與堅持

日復一日的晨煮時光裡，最常被問到的一句話就是：「準備這些料理，通常要幾點起床？來得及嗎？」

來得及，我每次都來得及，只要事前做規劃，善用前一天的零碎時間預做準備，一定來得及。況且，人的潛力是無窮的，當妳意識到十幾分鐘後將有一窩餓著肚子的小雞等著妳餵養，噢，媽媽的本能將會帶領妳進入極度專注的狀態。此時，鍋與鏟撞擊的鏗鏘聲不見了，音樂播到哪兒也不重要了，世界的中心只剩快動作的妳自己與眼前的料理。放心，一切都會安然度過成功達陣的，只要放手去做，就行。

POINT1
上市場繞繞，尋求靈感

如果可以，週間我幾乎天天上市場。因為住家附近採買十分容易，所以我習慣只買一、兩天的分量，新鮮煮、新鮮吃。

有時，我會進超市繞繞；有時，我會到主婦聯盟採買海鮮、蔬菜與調味品；但其實我更喜歡晃進傳統市場，那兒是座以四季為名的大舞台，從春天的葉到夏季的瓜，秋日的莖延續至寒冬的果，只要願意推開那扇窗，永遠有驚喜。

早餐不一定要天天啃麵包、吞麥片，春天的市場隨處是嫩綠的葉、葉上開滿鮮嫩的花，不妨一早給家人一碗簡單的柴魚或大骨高湯，湯裡涮幾片豬肉，燙一小把葉菜再打

顆蛋，好滿足。夏季的小卷最鮮最甜，滾一鍋水燙熟日本素麵，在冷盤上捲一捲，擺幾隻鮮小卷，蘸著沾麵醬一起入口，讓新的一天清爽幸福的展開。當時序步入秋季，我們可以蒸熟南瓜，和通心麵以及一大把起司送進烤箱。而冬日的水果那麼甜又夢幻，只要有草莓有甜橙，就能來份不同於以往的水果三明治，多好！

不知道隔天早餐吃什麼嗎？上市場繞一圈，把當令的在地好物帶回家，只要食材新鮮，吃什麼都香。

POINT2
規劃一週早餐菜單

上一趟市場，心中大約有個概念，知道未來幾天可以採買哪些食材，那麼事先規劃的一週早餐菜單，就是送給自己能從容起床的一份體貼。

我習慣以手邊現有的食材為主，料理方式為輔，在週日晚間規劃有中、有西、有飯麵也有烘焙的一週早餐。以冬日為例，冰箱裡有白蘿蔔、南瓜，也有常備的肉品與水果，那麼，早餐不妨這樣設計：

週一　酸甜藍莓柳橙瑪芬
（作法詳見 P.192）

麵糊前一天拌好，早上直接送烤箱，前後只需 30 分鐘就能熱呼呼上桌。一週的開始甜蜜蜜的吃，怎麼藍的起來？

週二　馬告白蘿蔔雞湯
（作法詳見 P.166）

冷冷的冬日，好捨不得離開被窩，但若有一鍋冒著煙的雞湯等著你，這樣有沒有覺得幸福一點？

週三　奶油玉米杯
（作法詳見 P. 120）

努力兩天，終於快過一半了。小週末一早別那麼忙，燙把玉米拌點奶油，這天我們輕鬆吃，但滋味可不打折扣喔！

週四 起司烤飯糰（作法詳見 P.94）

這陣子孩子好棒、好努力，該是犒賞他們的時候了。帶著笑臉的熊熊飯糰請趁熱嚐，裡頭藏有來自媽媽的小驚喜。

週五 奶酥麵包捲（作法詳見 P.54）

快樂星期五，從醒來那一瞬間即是美好，這天不管準備什麼都好吃。因為前一天很勤奮，預先烤好一盒奶酥麵包捲，所以早上只需送烤箱輕鬆加熱，最後切點水果，煮一壺熱牛奶，就能叫孩子們起床囉！

POINT3
前一天撥 20 分鐘
完成前置作業

要為心愛的家人、為自己早起做早餐並不難，但要克服惰性，年復一年堅持下去，卻不是件容易的事。我們都知道光靠一時的熱忱其實很薄弱，但若能在睡前放下手機，每天撥十到二十分鐘進廚房稍做準備，要落實這份決心真的可以容易一些。

熬湯、備料、洗切好水果

事前準備工作並不燒腦,大部分事項在晚餐備料時一併處理就好。

米

依照程序將米輕柔洗淨,浸泡 20 ～ 30 分鐘,瀝乾後置於琺瑯盒或玻璃盒內,送入冰箱冷藏,隔天直接下鍋煮即可。

麵包

麵包是絕大多數家庭的早餐首選,有空時烤起來入冷凍保存,早晨只要在烤箱內放一杯熱水,先預熱烤箱,接著依麵包種類選擇加熱時間,加熱完畢繼續置於爐內 3 ～ 5 分鐘,再出爐就和剛烤好時一樣美味。

湯品

絕大多數的湯品都能前一天煮好,早晨再加熱即可。像是濃湯類,睡前處理好,隔天只需依濃稠度加一點牛奶,讓加熱更順利。至於海鮮湯品,睡前煮好蔬菜高湯,早晨再加入海鮮即可。

Eve 料理小筆記

睡前在餐桌擺好餐具並倒扣

從我開始幫孩子準備早餐的第一天,就習慣這麼做了。把早晨會用到的碗、盤、杯、壺,一一放在各自的位置並倒扣,隔天一個蘿蔔一個坑,不僅大幅縮短準備時間,原先備好的水果也不會忘記拿出來。

蔬菜

我習慣將晚餐要吃的蔬菜多洗一點，大部分下鍋煮，少部分以紙巾稍微拭乾，依隔日需求切段或刨絲，放入冰箱冷藏。

水果

全部洗好、切好，置於密封盒，放入冰箱冷藏。

POINT4
為自己營造愉快的
料理空間

清晨，全家人還在睡，街道安安靜靜的，一人在燈下奮戰確實有些孤單。滑開手機，裡頭存放好多我喜歡的歌曲，今晨的天空像夕陽，一朵朵棉花糖染成璀璨金黃，適合聽溫柔的情歌。我為自己煮杯熱燙燙的咖啡，杯底丟顆鸚鵡糖，我為愛離開溫暖的被窩，值得一份甜甜的對待。

替勤奮煮食的自己，打造一個稍微幸福的空間，是必要的疼惜，無論是一杯熱茶、一些餅乾、或是播放一段有趣的 youtube，只要能幫助我們趕跑瞌睡蟲，就行。

我的小廚房

我到現在仍然記得，七年前剛踏進現在居住的這個家，被明亮的三面採光、偌大的露台以及挑高六米的空間給感動的心情。但事實上，真正打動我、讓我和丈夫決心下訂斡旋的，其實是坐擁一大片落地窗，與客廳完全隔離的餐廳與廚房。

少了客廳電視的干擾，一家人可以心無旁鶩地在餐廳燈下聚首，緊臨的半開放式廚房，即使只是小小的一字型，但至少一轉頭，就有家人陪著我。我不需要多大的烤箱、多

夢幻的中島，只要有效能良好的瓦斯爐具、用得順手的廚房道具，以及喜愛我廚藝的家人就夠了。廚房使用建商附贈的系統式廚具，僅有雙口爐與七個櫥櫃空間，品牌雖非業界響亮卻也堅固耐用。為了增加收納空間，我在牆邊設置一座高度及腰的開放式木頭層架，這幾年來陸續購入的大大小小鑄鐵鍋，於是有了安身之處，我可依照當天料理用途挑選需要的鍋子，一目瞭然。

一直以來，我鍾情於半開放的收納

設計，一踏進廚房，常用的小家電與道具分門別類掛於牆面或置於檯上，不僅取用方便，也是家裡最具生活感的迷人風景。至於依季節輪替的器皿與過於細碎的烘焙用具，則妥當的收進櫥櫃內。除此之外，我還堅持在流理檯面擺一盞小燈，日日夜夜，我在燈下煮茶、備餐、揉麵團，那盞燈就像我的煮食開關，一旦按下電源鍵，點亮的不僅是光源，還有我的料理魂。

上星期，我用壓力鍋煮一小份老鷹紅豆泥，剛結束月考的兩個孩子難得功課不多，晚餐後我呼喚他們來廚房幫忙，一起為即將到來的冬至搓紅豆湯圓。一塊麵團、一堆麵粉，三人擠在小小的流理檯前搓搓、揉揉，揉出一座尖尖的湯圓山，過程中即使礙於廚房空間，以至於抱怨聲此起彼落：「過去一點，你的手擋到我了。」、「哥哥你踩到我的腳了啦！」但母子三人卻意猶未盡，玩得好開心。

廚房大小永遠不是重點，而是一顆想煮食的心。只要肯煮、願意煮、真心想煮，日子無論再忙、孩子終將飛往海角天涯，那些年一家人圍坐餐桌共享的每一頓飯、從廚房端出的每一盤菜餚，都將成為獨一無二的美麗回憶。

愛用調味品與食材

沖繩產海鹽

我對這款海鹽可說是一見鍾情，自從用了它，就再也離不開。這款料理用海鹽質地輕盈膨鬆，非常甘美，一點點用量就能讓料理加乘出意想不到的好風味。購於進口超市。

鹽之花

這款來自愛琴海的鹽之花純淨、天然，我喜歡在乾煎且起鍋後的松阪豬撒上一些，烘托肉質鮮甜。也喜歡在烤好的奶油麵包上點綴一點，是為我日常料理畫龍點睛的靈魂角色。購自進口超市。

綠主張黑豆醬油、土本黑豆醬油

完全純釀造醬油，以黑豆製成，透過微生物分解，再靜置 5 到 6 個月慢慢發酵而成。我最喜歡這種以時間換取好味道、不速成的產品，給家人吃的，必須先讓自己安心才行。購自主婦聯盟。

喜願白醬油

這款是我白醬油的首選，滋味甘甜不死鹹，很適合拿來燒肉，或做為燙青菜的蘸料。100％使用本土契作的小麥與大豆，原物料全程冷藏保存，無添加物，經過 180 天發酵熟成。每當我們燒菜的時候，就能支持本土契作支撐台灣農業，還有什麼能比得上以行動支持來得更好呢？購自各大網路電商平台。

屏大醬油膏、喜樂之泉素蠔油

屏大的醬油膏是我料理時的心頭好，可平衡醬油的鹹味，增添料理滋味的豐富度，煎、滷、燉、燒皆適合，購自各大超市與網路平台。喜樂之泉的素蠔油同樣也是家中常備且不敗的調味料，用量只要一點點，就足以提鮮，購自各大網路電商平台。

菇王有機味醂

雖然我在台北土生土長，但口味卻是南北綜合，太鹹不喜歡，太甜又無法接受，而味醂正是幫助我找到平衡點的要角。這款有機味醂採純釀造，可當飲料，加一點入料理或湯品可增鮮潤色，我很依賴它。購自各大超市。

金門高粱醋

這款高粱醋不嗆、不刺激，口感柔順溫潤，以它取代白醋，孩子們接受度很高。購自各大超市與量販店。

內崛甘酒米酢

製作醋飯醬汁的好幫手，滋味醇厚溫順，酸度也夠，同樣適合醃製蔬菜，是萬用的好醋。購自進口超市。

Olivers & CO 義大利熱帶芒果＆白葡萄香醋

我很喜歡吃生菜沙拉，淋上大量冷壓初榨橄欖油與適量的芒果香醋，是我心目中淋拌生菜沙拉的唯一選擇。它沒有人工香精也沒有色素，味道天然甜美，連孩子都非常喜歡，亦適合海鮮冷盤料理。購自 Olivers & CO 專櫃。

茅乃舍高湯包

120 年歷史的日本久原本家，所生產的茅乃舍系列高湯包，是沒空熬湯卻需要好湯頭的廚房料理幫手，料理過程不需再加鹽，很方便。我習慣購買基本款高湯減鹽版與野菜高湯減鹽版。購自網路團購與電商平台。

北海道利尻昆布

僅次於真昆布與羅臼昆布的頂級昆布，熬出來的湯汁金黃澄澈，滋味高雅帶點甜，一試即成主顧。購自進口超市。

ヤマキ株式会社柴魚片

這款柴魚片與利尻昆布，是我熬製日式高湯的絕配組合，合理的價格即能熬出優雅的湯頭，值得一試。購自進口超市。

綠主張龍眼花蜂蜜

來自台灣屏東枋寮，100% 天然純龍眼花蜂蜜，甜味天然帶有花香，我非常喜歡它的味道。購自主婦聯盟。

東港鎮農會櫻花蝦

東港產地直送，以自然烘曬的方式，留住櫻花蝦的天然鮮甜。每到冬季，最愛拿它清炒高麗菜或煨大白菜，甚至是單純的烘蛋都有好滋味。購自東港鎮農會網站。

老鷹紅豆

自從看了二十年生態全紀錄──「老鷹想飛」紀錄片，我就堅持購買「老鷹紅豆」。那是屏東縣政府及屏科大合作，以「不毒鳥、農藥零檢出」為目標，所耕種的友善鳥類紅豆田。價格雖然高一些，但能為自然生態、為老鷹（正式名稱為黑鳶）的居住家園付出一點心力，我非常樂意。購自東港鎮農會網站。

花蓮市農會馬告

馬告是台灣原生種的香料植物，又稱為「山胡椒」。這款來自產地農會的馬告顆粒風味特殊，具有薑片、檸檬、香茅的香氣，拿來燉湯滷肉皆有好滋味。購自花蓮市農會網站。

小山園京都宇治抹茶粉──又玄

產自日本丸久小山園的京都宇治抹茶粉，一直是業界閃亮的明星，其中的「又玄」適合入烘焙，烤出來的成品濃綠、艷翠，真是漂亮極了。除了烘焙，沖成抹茶飲同樣令人醉心。大型烘焙材料行均有販售。

株式會社信州自然王國櫻花

這款鹽漬櫻花顏色漂亮，帶點溫柔的粉橘，比坊間過於粉紅的鹽漬櫻花更深得我心，烘焙後的味道也很有深度。購自 City Super。

為食物畫表情

偶爾，我會替孩子的早餐麵包畫上笑顏，為胖胖的飯糰點顆黑眼珠，這些愛笑的眼睛全是媽媽的心意，希望寶貝一早開心，帶著滿滿的元氣上學去。

在我的經驗裡，食物的表情不需要畫太大，小小的集中在中央，遠比畫得又大又粗來得更可愛一些。於是，這些小小的精細表情，需要容易上手的工具輔助。但這些工具完全不需額外購買，只要利用家裡既有的廚房道具，多練習，就能越來越得心應手。

以下是我替食物畫表情的愛用道具與食材，它們是如此平凡，卻是我替食物裝可愛不可或缺的好戰友。

Ⓐ 細竹筷

日本專門用在料理、筷端特別尖細的長竹筷，用來畫五官裡的「眼睛」最適合。只要筷端沾滿巧克力醬，輕輕在麵包或鬆餅上點一下，就是個形狀及大小皆完美的圓了。

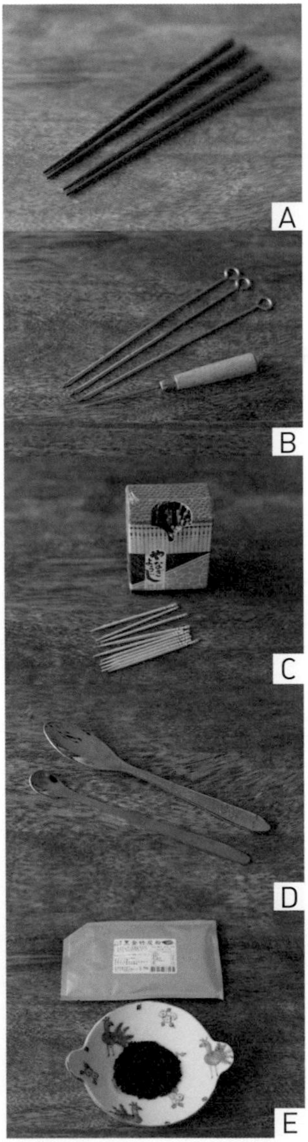

B 雞蛋糕專用針叉、烤肉叉

想畫出更精細的微笑、噘嘴、驚訝等各式「嘴型」時，此時細竹筷就稍嫌粗了些。我非常依賴這些極細的針叉，畫出來的線條分明、不會糊在一起，又能在醬汁不夠時隨時停筆，補沾醬汁後從接點繼續畫下去，看起來依舊自然、像一體成型。但缺點是一開始不好上手，要多練習，就能抓到訣竅。

C 牙籤

如果家裡沒有針叉或烤肉串針，可使用牙籤代替。

D 迷你湯匙

這種超迷你挖勺很適合拿來替食物畫腮紅，只要取一點點草莓果醬，放在臉頰的位置，用挖勺尖端將果醬往中央靠攏成一個小圓，就能得到一張可愛的蘋果臉了。購自 Natural Kitchen。

E 食用竹炭粉

適合鹹食料理，像是蛋皮、豆皮等，以微量白開水混入適量食用竹炭粉，就能開始使用。

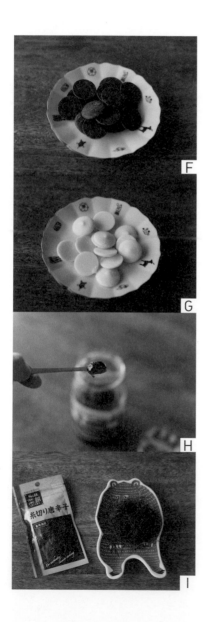

F 烘焙用烤克力片（豆）

適合甜食與烘焙，像是麵包、鬆餅、水果等。使用之前，先隔水加熱融化。

G 烘焙用白巧克力片（豆）

適合甜食與烘焙，尤其做為眼球裡的「眼白」部分。使用之前，先隔水加熱融化。

H 草莓果醬

適合做為腮紅點綴，讓表情看起來更生動可愛。

I 辣椒絲

乾燥的辣椒絲除了裝飾、增添食物風味，拿來當成鹹食料理的「嘴巴」，有渾然天成的效果。

早餐料理的基礎 —— 備菜與抹醬

食材的計量

> 1 小匙 =5ml，1 大匙 =15ml，一杯 =200ml，1ml=1cc

書中食材計量單位採取統一的計算方式，料理起來就能很順手。例如某道料理以
「量匙」計算醬油用量，接下來的味醂、油量也以「量匙」為單位。當遇到需要
拿出電子秤來計量食材克數的料理，同一道菜的其他調味，本書也統一以「克
數」來呈現，確保料理的流暢度。

沒有特別註明食材分量的部分，可自行調整自家喜歡的味道。

萬用昆布柴魚高湯

廚房工事裡，我最喜歡的就是熬湯了。孩子們都知道，只要冬季來臨，到廚房一定能找得到媽媽，他們會陪我一起守在爐火旁，聞著從鍋蓋邊緣偷偷竄出的、好聞的香氣，還懂得將雙手擺在鍋上，讓熱呼呼的蒸氣一路從掌心暖至心底。

為此，我特地買一只專門熬湯的琺瑯鍋，它口徑寬、容量大，加上聚熱快、好清潔又不易吸附味道的特性，立刻打敗所有湯鍋，成為我熬湯的最佳戰友。

所有高湯裡，味道最乾淨、又最有深度的，就屬昆布柴魚高湯。冰箱裡備一罐，日日燉煮的湯品與熱粥就像被施展魔法般立即升級。

我喜歡北海道產的利尻昆布，搭配ヤマキ株式会社的柴魚片，這兩者都能在日系超市找到，相當容易取得。

材料

水 … 1500ml
昆布 … 15g
柴魚片 … 15g

作法

1. 昆布用紙巾擦乾淨，浸泡於水中，靜置一夜。

2. 將作法 **1** 移至爐上，以小火慢慢加熱。當鍋裡布滿上升的小氣泡並且大量冒煙時，先將昆布取出，避免沸騰後煮出腥味。

3. 作法 **2** 高湯繼續加熱至沸騰，關火。加入分量外 15g 的清水，放入柴魚片。

4. 作法 **3** 再次開火，將浮沫撈出，滾 1 分鐘後關火。靜置 3 分鐘，以濾網濾掉柴魚片，即完成高湯製作。

自製天然調味鹽

每個月底，是我固定做調味鹽的日子。因為週間天天煮飯，因為家人依戀返家後那縷炊煙，更因為家中的飲食由我掌管，所以我必須讓料理盡量純淨、健康。

為此，我花心思採買，確保食材品質，也自己親手做調味鹽，不使用任何市售雞粉或鰹魚調味粉。這天，我從主婦聯盟帶回一包蝦米，蝦米很大，蝦身天然的紅色令我感到安心。我將它們烘得香香、乾乾的，再與柴魚片、香蒜粒一起磨成細粉，最後與海鹽混勻。炒菜時放一匙，熬湯結束前撒一些添海味，嗯，好香！

做這件事，我一點也不覺得麻煩，只知道每個月撥出短短 10 分鐘，就能成就一整個月的安心飲食，非常值得。

材料

蝦米 … 40g

乾燥香蒜粒 … 4g

柴魚片 … 5g

海鹽 … 50g

作法

1. 蝦米若是冷藏狀態，先預熱烤箱 180℃，放入蝦米烤 5 分鐘。

2. 作法 **1** 放涼之後，將蝦米、香蒜粒、柴魚片，依序放入調理機中打碎。

3. 取出作法 **2** 的粉末與海鹽拌勻，密封起來放入冰箱冷藏，可保存一個月。

基礎麵團——直接法

想試著親手做麵包？那麼請先以基礎麵團的製作配方與步驟練習幾回，感受一下麵團成型後的細緻與手感，親眼看看麵團發酵後的柔軟光滑，還要嚐嚐烘烤後的奶油香。幾回經驗後，將會發現做麵包其實沒有那麼複雜。

以下介紹的基礎麵團相當萬用，接下來的章節都是以這份麵團去做變化。我習慣靠麵包機來揉麵，若家裡有揉麵機則更好、更專業了，省下手揉的時間可以拿來陪孩子、做自己喜歡的事，是我私心認為最舒服的烘焙模式。

材料

高筋麵粉 … 250g

水 … 160g

砂糖 … 16g

奶粉 … 8g

鹽 … 1.5g

酵母粉 … 2g

無鹽奶油 … 16g

作法

1. 將所有材料放入麵包機，奶油稍後再放，啟動揉麵功能。

2. 等作法 **1** 麵團成型，大約 5 分鐘後，再放入奶油。

3. 整體揉麵時間約 15 至 20 分鐘，此時麵團已柔軟如耳垂，也能拉出薄膜了。

4. 麵包機內第一次發酵，約 60 分鐘。其他揉麵方式則將麵團移至攪拌盆，蓋上保鮮膜，在烤箱內放一碗熱水，維持 28 至 30℃發酵 60 分鐘。（夏天請置於 25℃冷氣房發酵，避免衍生雜菌，時間也可視情況縮短為 40 至 50 分鐘。）

5. 等作法 4 麵團膨脹至原先的兩倍大，手沾麵粉，在中央戳一個洞，若沒有回縮，即完成第一次發酵。

6. 取出作法 5 麵團，輕輕拍扁、排出空氣，分割成想要的份數。一一滾圓後，以溼布蓋上，進行第二次發酵，約 15 至 20 分鐘。（中間發酵、麵團鬆弛。）

7. 接下來，將鬆弛好的麵團整型成想要的樣子，移至溫暖處（請參考作法 4）再進行第三次發酵，約 40 分鐘。

8. 烤箱預熱 180℃，烤 20 分鐘左右即可，確切時間請依照麵包實際大小做增減。

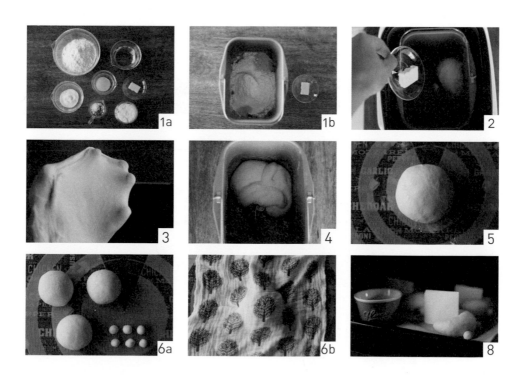

簡易老麵製作

材料

中筋麵粉 … 125g

水 … 75g

酵母粉 … 1g

鹽 … 1g

作法

1. 將所有材料放入攪拌機或麵包機，打 7 至 8 分鐘。

2. 取出作法 **1** 麵團放入保鮮盒，蓋上蓋子，置於常溫發酵約 2 ～ 3 小時。（夏天請置於 25℃冷氣房發酵，避免衍生雜菌。）

3. 作法 **2** 麵團密封蓋好，移入冰箱冷藏 8 小時後即可使用。

Eve 料理小筆記

老麵請於 3 天內使用完畢，若用不完，可分裝冷凍保存，要使用時退冰即可，但仍建議儘早用完喔！

大蒜奶油醬

材料

有鹽奶油 … 100g

去膜大蒜 … 15g

巴西里 … 適量

作法

1. 將有鹽奶油置於常溫下軟化，直到能輕易攪拌的程度。

2. 大蒜切成極細的顆粒狀，巴西里葉切碎（乾燥的亦可）。

3. 將作法 **2** 放入作法 **1**，全部拌勻，即可入冰箱冷藏保存，一週內食用完畢。

Eve 料理小筆記

冷藏後的大蒜奶油醬會變硬，要做為抹醬之前，可先置放於常溫 10 分鐘，冬季延長至 15 分鐘即可。

壓力鍋煮紅豆泥

材料

紅豆 … 2 杯

水 … 4 杯

二砂 … 依個人喜好調整

鹽 … 少許

作法

1. 將紅豆洗淨，放入滾水裡（分量外）煮五分鐘
   去除澀味，瀝乾水分備用。

2. 去澀後的紅豆放入壓力鍋，倒入水，蓋上鍋
   蓋煮至上壓。

3. 上壓後轉小火續煮 15 分鐘，熄火。

4. 靜置等待洩壓完成，開蓋，趁熱拌入二砂，
   邊拌邊確認調整為喜歡的甜度。

5. 此時作法 4 仍是高含水的狀態，移至爐上，
   以中小火炒至水分收乾。撒點鹽，混合攪拌
   均勻後即完成。

奇異果甜果粒

材料

未放軟的奇異果 … 2 顆

砂糖 … 1 又 1/2 小匙

蜂蜜 … 少許

作法

1. 奇異果削除外皮,將果肉切成丁狀,備用。

2. 玻璃瓶以滾水消毒烘乾,以一層奇異果一層砂糖的方式填入瓶中。

3. 作法 **2** 擠入蜂蜜,密封後冷藏,約第 2 至 3 天即可食用。

Eve 料理小筆記

這款甜果粒可抹吐司、和凝脂奶油 clotted cream 一起抹在司康上。在熱紅茶裡加入 2 匙,更是美味!

栗子泥

材料

去殼栗子 … 300g

水 … 100g

砂糖 … 適量

無鹽奶油 … 30g

作法

1. 將去殼栗子置於電鍋反覆蒸 2 次，直至熟透軟爛。

2. 作法 **1** 加入水，連同蒸熟栗子放入調理機趁熱打成泥狀。

3. 將作法 **2** 倒入鍋中以小火拌炒，拌炒過程分次加入砂糖，試出自己喜歡的甜度。

4. 作法 **3** 拌入奶油，增加香味。待水分收乾至八成，即可裝入消毒過的玻璃瓶，放入冰箱冷藏保存。

蜂蜜堅果

材料

無鹽綜合堅果（依喜好）… 適量

蜂蜜 … 適量

作法

1. 烤箱預熱 180℃，堅果放入烘烤約 5 分鐘，取出後靜置放涼。

2. 堅果置於消毒過的玻璃瓶或琺瑯罐裡，注入蜂蜜，直到蓋過堅果。

3. 放置約 5 到 7 天，使其入味。（夏天請置於冰箱冷藏。）

> **Eve 料理小筆記**
>
> 栗子泥、蜂蜜堅果與蜜栗子，可自由與早餐搭配，除了抹在吐司上，也能直接吃或加入無糖優格中享用。

蜜栗子

材料

剝殼栗子 … 200g

水 … 200g

砂糖 … 50g

味醂 … 10g

作法

1. 將去殼栗子放入鍋中,倒入蓋住栗子分量的水(分量外),煮熟後撈出備用。

2. 鍋裡放入水、砂糖、味醂,中小火煮至糖融化。

3. 投入煮熟的栗子,全程以小火熬煮,邊煮邊撈除浮泡,等湯汁剩一半(至少煮 20 至 25 分鐘),且竹籤可輕易穿過的程度後,熄火。

4. 倒入消毒過的玻璃瓶,密封放入冰箱冷藏。

自製柴魚香鬆

材料

柴魚 … 20g

醬油 … 3 小匙

味醂 … 5 小匙

白芝麻 … 1 大匙

作法

1. 將所有材料放入調理盆中,並攪拌均勻,讓柴魚與調味料充分混勻。

2. 作法 1 倒入平底鍋,以極小火慢慢翻炒、煸乾。

3. 作法 2 倒入平盤,全體攤平、冷卻,冷卻後會變得酥脆。以叉子壓碎即可放入冰箱冷藏保存,並於 2 週內食用完畢。

培根碎

材料

冷凍培根 … 數包

作法

1. 冷凍培根置放常溫 5 分鐘左右。

2. 作法 **1** 拆開包裝不拆散，直接切成 0.5cm 左右的細絲。

3. 熱鍋不加油，作法 **2** 培根直接下鍋拌炒，拌炒期間會出油，續炒至油水收乾。

4. 若培根已炒脆炒香，可以瀝掉多餘的油，裝入保存盒內，降溫後即可放入冰箱冷藏。

萬用肉臊

材料

紅蔥頭 … 4 瓣

蒜瓣 … 3 片

豬絞肉 … 300g

油 … 1 小匙

醬油 … 1/2 大匙

屏大醬油膏 … 1 大匙

味醂 … 1 又 1/2 小匙

清酒 … 1 大匙

清水 … 150g

作法

1. 紅蔥頭切成小片;蒜瓣切成小丁狀,備用。

2. 鍋中倒入少許油,放入紅蔥頭以小火炒香,起鍋備用。

3. 作法 2 鍋中加入 1 小匙油,炒香蒜丁、放入豬絞肉,炒至水分收乾。

4. 作法 3 倒入醬油、醬油膏拌炒,加入清酒全數炒勻。

5. 作法 4 放入作法 1 的紅蔥頭,拌炒後加入清水。

6. 蓋上鍋蓋轉小火煮 10 分鐘後,掀蓋倒入味醂,再續煮 5 分鐘即可。

Part 1

麵粉的各種可能

以時間換取美味

倚著星光，聽喜歡的歌，我趁熱喝一口熱咖啡，嗯，朋友送的豆子真好。同一時間，剛揉好的麵團被溼布妥貼覆蓋著，在案上靜靜沉睡、呼吸。

孩子跟著麵團一塊兒睡著了，我與小廚房卻仍守著案上的麵粉香，我一直很享受在自己營造的氛圍裡動手做麵包，並且把它們整型成喜歡的模樣。和我一樣，僅憑單純的信念，一心想把天然的烘焙食品獻給家人，因此開啟手作麵包旅程的「家庭烘焙坊」，這兩三年以「家」為單位，如雨後春筍般開張。

這些烘焙坊規模小小的，產量少少的，只夠提供給心愛的另一半與孩子。或許柔軟度不如坊間能支撐數日，或許香氣也沒有隔壁麵包店來得那麼濃烈，但絕對新鮮、作法自然、沒有不必要的添加。

烘焙與自家製麵點是門高深的學問，時間、水量、溫度甚至是發酵溼度，都足以影響最終成品。以我來說，前前後後摸索了三年多，直到第四年品質才開始穩定下來，面對麵團所發展出的各式狀態，也才有信心掌控它。但也正因為麵粉製品不好掌握、變化萬千，才得以如此迷人，讓家庭烘焙坊的主廚深陷其中，願意拿時間換取一桌子美味。

是的，烘焙是需要投入時間與耐心的，一旦傾注了感情，願意給麵團足夠的鬆弛時間、為它營造舒適的發酵空間，那麼，最終自烤箱出爐的麵包或油鍋剛鏟起來的煎餅，都將以好吃的模樣，來回報你。

在我心中，麵粉始終存在著無限可能，從中式的餃子、饅頭、烙餅、蔥油餅，到西式的麵包、鬆餅、瑪芬與薄餅，全都適合盛在早晨餐盤裡，佐著陽光一塊兒享用，只要願意前一天做好準備，隔天等著你的，將是一桌子的從容與美好。

早晨麵包暖暖吃

POINT 1 未吃完的麵包最好存放於冷凍，早晨不需解凍，直接放入烤箱一起以 170℃ 預熱，待烤箱預熱完成，不取出，續放 3 分鐘後就可以上桌了。而大型麵包在預熱完成後，再多加熱 2、3 分鐘即可。

POINT 2 麵包烤好放涼後，請以密封盒確實封好、鎖住水分，隔餐享用不致於變乾。若水分流失了，表面噴點飲用水，再入烤箱回烤，一樣美味。

真的蘋果麵包

即使一年四季都能在台灣買到進口紅蘋果，隨時給孩子吃甜甜，但每年只有十月與十一月，才有機會嚐到來自台灣高山的珍饈——梨山及大禹嶺的蜜蘋果。

因為產量不多，因為難以抗拒那清脆酸香的迷人滋味，更因孩子總愛從盤裡挑出蜜腺最豐美的那一塊，於是每年台灣欒樹開花之際，就是我上網搶購蜜蘋果的時機。紅中帶綠的山中傳奇是首唱進我心底的詩，是我與秋日美麗短暫的戀情。

我喜歡連皮一起咬，無蠟外皮以及無毒種植讓每一口都安心。我也喜歡將它們切成小塊，在起風的日子裡，投入心愛的琺瑯鍋，煮成香香的焦糖蘋果，接著揉進麵團裡，好療癒。當蘋果麵包真的咬得到蘋果塊時，那感動絕對難以言喻。

材料

麵團

高筋麵粉 … 160g

低筋麵粉 … 40g

酵母粉 … 2.5g

砂糖 … 25g

鹽 … 2.5g

奶粉 … 8g

蛋液 … 20g

奶油 … 20g

水 … 90g

蘋果餡

蜜蘋果 … 2 顆

砂糖 … 30g

檸檬汁 … 1 小匙

肉桂粉 … 1/2 小匙（不喜歡可省略）

其他食材

蛋液 … 適量

棒棒餅乾 … 12 根

薄荷葉 … 12 片

作法

炒蘋果餡

1. 將蘋果去皮，切成丁狀。

2. 取一小湯鍋，將作法 **1** 放入鍋裡與砂糖、檸檬汁一起炒至水分收乾。

3. 待作法 **2** 收乾水分後，可以拌入少許肉桂粉提香。

Eve 料理小筆記

蘋果拌炒後會縮小，所以不必切太小，保留一些口感最好吃。另外，一開始蘋果會大量出水，別擔心，耐心炒到收乾、呈現焦糖化就可以了。

蘋果麵包

4. 將麵團所有材料用攪拌器攪打成團，進行第一次發酵 60 分鐘。

5. 取出麵團，輕拍揉捏將空氣排出，分切成 12 等份滾圓，蓋上溼布醒麵 20 分鐘。

6. 麵棍將麵團擀平，拍掉氣泡，包入適量的蘋果餡，收口捏緊。

7. 麵團放入杯子蛋糕紙模，再放進瑪芬模固定；若是使用硬紙模，瑪芬模這步驟即可省略。

8. 蓋上溼布於溫暖處進行二次發酵 40 分鐘，為原先的 2 倍大即可。

9. 作法 **8** 頂部以食物剪稍微剪個小口，插入棒棒餅乾（開口別剪太大，以免塌陷），表面抹上蛋液。

10. 烤箱預熱 180℃，上下火烤 20 ～ 25 分鐘左右。15 分鐘開始，請務必檢查一下烤色，必要時轉動烤盤或蓋上錫箔紙，避免烤色過深。

11. 脫模放涼後，蘋果梗旁擺一片薄荷葉，即完成。

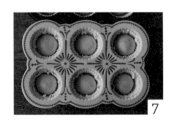

可可奶酥栗子麵包

轉角公園的第一片楓葉紅了，但預購的栗子卻還要近一個月才能寄出。在那之前，我習慣先臨摹栗子的外型，烤幾份可可奶酥小麵包，在我很想念、很想念的時候，可以靠這些小可愛，想像秋天已爬上我家餐桌，一解對栗子的思念之情。

好不容易盼到栗子上市，終於能好好將栗子泥或是糖煮栗子包進麵團裡，然後趁剛出爐時熱熱的吃；但若能忍住衝動，待它冷卻後，嚐到的甜反而深沉又溫柔。此時，沏一壺冒煙的茶，平衡栗子麵包的甜，是認真煮食濃濃淡淡的小日子裡，必要的逗號喘息。

材料（千代田檸檬模約 9 顆分量）

可可麵團

高筋麵粉 … 180g	奶油 … 15g
無糖可可粉 … 20g	鹽 … 1g
酵母粉 … 2.5g	牛奶 … 152g
砂糖 … 20g	

其他材料

奶酥醬 … 適量（作法詳見 P.56）

花生 … 適量

烘焙用巧克力豆 … 5 ～ 10g

棒棒餅乾 … 9 根

作法

睡前你可以

1. 將可可麵團所有材料用攪拌器攪打成團，進行第一次發酵 50 ～ 60 分鐘。

2. 取出麵團，輕拍揉捏將空氣排出，分切成 9 等份滾圓，蓋上溼布醒麵約 10 分鐘。

3. 麵棍將麵團擀平，拍出氣泡，包入適量（約 15g）的奶酥醬，將收口捏緊。

4. 所有作法 3 麵團擺入千代田檸檬模，蓋上溼布於溫暖處進行二次發酵 30 ～ 40 分鐘，為原先的 2 倍大即可。

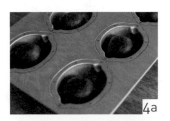
4a

4b

5. 烤箱預熱 190℃，烘烤 12 ～ 15 分鐘，取出放涼後密封備用。

6. 敲碎花生，放入密封袋保存，備用。

早晨繼續努力

7. 隔水加熱融化巧克力豆，抹在前晚烤好的麵包頂端。

8. 將作法 7 麵包頂端沾滿敲碎的花生，最後插上棒棒餅乾，即完成。

Eve 料理小筆記

千代田號稱烤模界的名模，導熱快且平均，烘烤出來的成品無論外型或味道都特別細緻。其中較有深度的千代田也適合烤小麵包，像是檸檬模、栗子模、咕咕霍夫模、小熊模等，烤出來的麵包皮脆內軟，令人驚艷，值得一試。

加熱時間 5 分鐘

花生燒麵包

有時，就是特別想吃剛起鍋，還熱燙燙的麵包。這個念頭驅使我著手準備麵粉，將低筋麵粉混入自製優格與紅麴粉，揉成一顆顆漂亮的粉紅色麵團。我在麵團中央填入滿滿的花生醬，最後收緊、擀平。

不發酵、不入烤箱，直接上鐵板加蓋煎熟，它是那麼其貌不揚，卻又是那麼的美味。趁熱咬一口，哇嗚，花生爆漿！小心舌頭可別燙傷了，桌上有剛從冰箱拿出來的冰鮮乳，趕快喝一口降溫一下。

材料（可做 6cm 約 8 個）

麵團

低筋麵粉 … 200g

紅麴粉 … 2g

無鋁泡打粉 … 6g

砂糖 … 25g

鹽 … 1/2 小匙

無糖優格 … 150g

其他材料

帶顆粒的花生醬 … 適量

黑芝麻 … 少許

作法

1. 將優格以外的麵團材料，全部倒入調理盆內，拌勻後在中央挖個洞，再放入無糖優格。

2. 將粉推向中央，慢慢將全體揉捏成光滑無顆粒的麵團（也可使用電動攪拌器）。

2

3. 麵團分切成 8 等份，滾圓，靜置 20 分鐘。

4. 麵團擀平，包入適量花生醬（盡可能多包點，嚐起來好過癮），收口捏緊，整體拍扁，中央撒一點黑芝麻粒。

5. 將平底鍋燒熱，麵團以乾鍋上蓋中火燒 3 ～ 5 分鐘，翻面後轉小火續煎 6 ～ 8 分鐘；趁熱吃，享受麵包熱呼呼、花生爆漿的好滋味。

Eve 料理小筆記

可以前一晚先做好，隔天麵包表面噴水，烤箱 180℃ 加熱 5 ～ 7 分鐘即可。但仍然建議在週末假期或時間充裕時試著做現做現吃，才能嚐到最美妙的滋味以及新鮮爆漿喔！

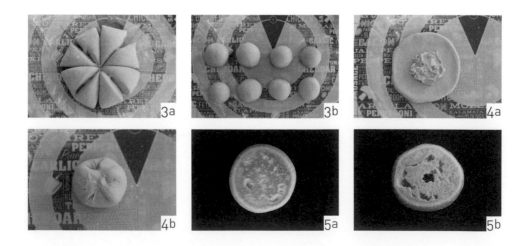

3a 3b 4a 4b 5a 5b

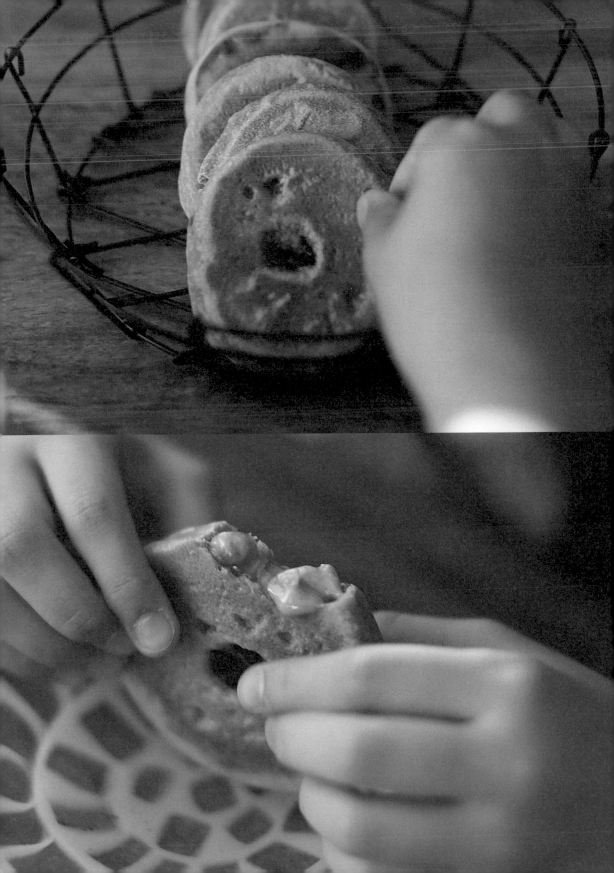

奶酥麵包捲

好冷！雲層厚重地隔絕天光，冷風從半敞的窗一陣陣竄進屋內。還好這幾天睡得飽，即使早起精神仍然不錯。我取些水，放上爐火慢慢等它沸騰，想來壺冒煙的黑豆茶，讓孩子搭配昨天做的奶酥麵包。

從小，我就愛吃奶酥，喜歡它好濃好濃，一入口會整個化開、幸福直衝上天的甜膩。長大後，我開始動手做，親自挑選安心的食材，做甜味剛剛好的奶酥，有時抹在吐司上，或是一圈一圈捲進蝸牛麵團裡。

我把小蝸牛烤得漂亮金黃，連同洗曬得香膨柔軟的毛背心，遞給剛起床的兄妹倆。願孩子們有很棒的一天，好好學，開心玩。

材料

麵團

高筋麵粉 … 270g

低筋麵粉 … 30g

酵母粉 … 4g

雞蛋 … 1 顆

牛奶 … 150g

砂糖 … 30g

鹽 … 1g

無鹽奶油 … 30g

其他材料

奶酥醬 … 120g（作法詳見 P.56）

蛋液 … 半顆量

作法

1. 將麵團所有材料用攪拌器攪打成團，進行第一次發酵 60 分鐘。

2. 取出麵團，輕拍揉捏將空氣排出，蓋上溼布醒麵 20 分鐘。

3. 以麵棍將麵團擀成 30×25cm 的長方形，輕拍掉氣泡，表面抹上 27×23cm 的奶酥醬。

4. 作法 3 麵團自 25cm 這端，慢慢向上捲，盡量捲緊不要有多餘空間，收口接縫黏緊。

5. 分切成 8 等份，鋪排在 22×15cm 的琺瑯盒或烤皿中。

6. 置於溫暖處二次發酵 40 ～ 50 分鐘，二發後在表面塗上一層蛋液。

7. 烤箱預熱 180℃，烤 25 ～ 30 分鐘，20 分鐘左右請務必檢查一下烤色，必要時轉動烤盤或蓋上錫箔紙，避免烤色過深。

Eve 料理小筆記

若家裡沒有適合的烤皿，直接在烤箱烤盤鋪上一層烘焙紙，麵團上四下四靠攏鋪排，效果也很好喔！

5a

5b

6

奶酥醬

說到近年最熱門的團購吐司，奶酥厚片始終站穩冠軍位置；若聊到最受歡迎的抹醬，就不得不提起奶酥抹醬的地位。

只需挖一大勺奶酥醬，朝吐司上頭抹開，送進烤箱五分鐘，就能得到表面酥脆金黃，一咬開即是柔軟香甜的療癒時光。

其實，奶酥醬步驟少、作法簡易，平時做一大盒擺冰箱，不必等團購也毋須湊免運，任何時候只要想吃，就能即刻享受。

Eve 料理小筆記

我習慣使用依思尼 Isigny 奶油、克寧奶粉、初鹿煉乳來製作奶酥醬。

材料

無鹽奶油 … 100g

奶粉 … 70g

煉乳 … 60g

作法

1. 奶油置於常溫回軟（不要用加熱的方式），以手持打蛋器將奶油打至呈細緻、柔滑狀態。

2. 放入奶粉，以刮刀拌勻，分次加入煉乳，慢慢將全體拌勻即可。

3. 入冷藏可保存 2 至 3 星期，趁新鮮吃完最棒。

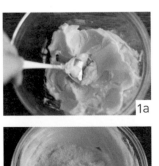
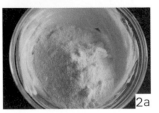
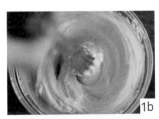

油蔥酥老麵肉餅

時間匆促時，吃餅最好，有肉有菜又有澱粉，立即止飢；時間充裕時，吃餅更好，沏壺茶、煮鍋湯，捧一塊在手心，細細享受口中蔓延的麵粉香。

比起薄皮的餡餅，我更喜歡以老麵製成、類似北方蔥大餅皮脆內軟的厚實口感，不僅更有飽足感，也越嚼越香。

那一天，媽媽送來一大罐親手做的豬油油蔥酥，我歡喜的接下，媽媽炸的豬油最香也最令人安心了。秤些麵粉，做一盒老麵，心裡盤算隔天要拿老麵和油蔥酥做餅吃。小時嚐盡純樸的古早味，現在，我可以自己做了，也想像媽媽一樣，完完整整將這份幸福傳遞下去。

材料（可做 5 個）

油蔥酥肉臊內餡

豬絞肉 … 250g

蔥 … 適量

豬油油蔥酥 … 1 大匙

醬油 … 2/3 大匙

屏大醬油膏 … 1 大匙

清酒 … 1 大匙

味醂 … 1 大匙

老麵麵皮

老麵 … 150g（作法詳見 P.34）

中筋麵粉 … 200g

速發酵母 … 1.5g

砂糖 … 30g

植物油 … 10g

水 … 110g

作法

1. 將老麵麵皮的所有材料揉勻，至三光（手乾淨、攪拌盆乾淨、麵團光滑）即可，並放置溫暖處發酵 1 小時。

2. 將油蔥酥肉臊內餡的所有材料混拌均勻，揉至有點黏性的程度。

3. 作法 1 麵團分割成 8 等份，滾圓，蓋上溼布醒麵 20 分鐘。

4. 作法 3 撒點手粉、擀成圓形，包入適量絞肉內餡，收口處捏緊，輕拍成扁圓狀準備下鍋。

5. 平底鍋加熱（不沾鍋可省略此步驟），倒入 2 大匙食用油，餅下鍋平均排列，蓋上鍋蓋以小火熱煎 2～3 分鐘，至底部呈金黃色。

6. 作法 5 加入水，淹至煎餅約 1/3 的高度，加蓋中小火煎煮，待水收乾，再翻面煎 2～3 分鐘上色後，即可起鍋。

Eve 料理小筆記

早晨在鍋底抹一點油熱鍋，鍋邊淋一圈水約 10g，加蓋煎熱即可。也可以一次多做一些，將生煎餅入冷凍保存，不需解凍直接下鍋，從作法 5 開始料理。

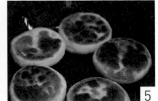

抱枕熊熊優格麵包

冷冷的早晨，餐桌上除了肉桂糖熱牛奶，還有一群柔軟的抱枕熊，可以拿來暖莉卡娃娃的脖子，也可以暖孩子的心。

揉進大量優格的麵團，柔嫩的就像孩子的肌膚，整個整型過程好享受，尤其是雙手，彷彿在替好幾個胖娃娃進行一場嬰兒 SPA，非常解憂。

雨，繼續飄飛；陽光，仍然歇著，還好已是週五了，被烏雲弄得灰灰的心情，可以澄澈清朗一些。今天要找些讓自己開心的事來做，迎接我最喜歡的週末假期。

材料（可做 6 份）

麵團

高筋麵粉 … 250g

酵母粉 … 3g

無糖優格 … 120g

水 … 65g

鹽 … 2g

糖 … 25g

奶油 … 15g

其他材料

烘焙用白巧克力豆、
巧克力豆 … 適量

作法

睡前你可以

1. 將麵團所有材料用攪拌器攪打成團，進行第一次發酵 60 分鐘。

2. 取出麵團，輕拍揉捏將空氣排出，先切 20g 麵團下來做為熊耳朵，其餘麵團分切成 6 等份滾圓，蓋上溼布讓麵團鬆弛 20 分鐘。

 3a
 3b
 3c

3. 麵棍將作法 **2** 麵團擀平,拍掉氣泡,沿長邊捲成長條狀、對折。

4. 取一小張烘焙紙折成小長方形,塞在對折後的作法 **3** 縫隙裡,避免二發過程密合。

5. 另外的 20g 麵團,切割下比例適當的小麵團,滾圓放置於耳朵處。

6. 蓋上溼布於溫暖處進行二次發酵 30 ～ 40 分鐘,發酵至原先的 2 倍大即可。

7. 烤箱預熱 170℃,烘烤 20 ～ 25 分鐘。17 分鐘左右請務必檢查一下烤色,必要時轉動烤盤或蓋上錫箔紙,避免烤色過深。

 4
 7a
 7a

早晨繼續努力

8. 取出前晚烤好的作法 **7**，放入預熱好的烤箱中加熱。

9. 隔水加熱分別融化白巧克力豆與巧克力豆。

10. 以竹筷沾取適量白巧克力醬抹於作法 **8** 的鼻子處，稍微風乾後，在鼻子中央與眼睛處點上巧克力醬，即完成。

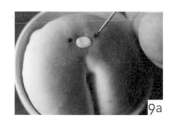

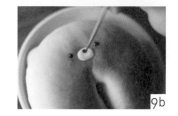

木乃伊臘腸捲

每年的萬聖節前夕，總有一群肚子裝滿臘腸的小木乃伊在我家餐桌聚集。他們各有特色，年年長得不一樣，端看我的心情想往哪裡飛，麵團就往哪兒去。他們不曾完美，卻是我的星空，我用心澆灌的玫瑰。

我習慣以小農鮮乳做麵皮，不加任何一滴水，而且臘腸也很好吃，是老牌子萬有全，在離過年還有一段時間的此時，這是最方便的選擇。

點個燈，為早晨捎來一些浪漫。可愛的秋天，就在路邊悄悄開花的台灣欒樹、柿子上市，且清晨溫度日漸涼爽，越來越迷人了。

材料（6 顆分量）

麵團

中筋麵粉 … 200g

酵母粉 … 2g

砂糖 … 30g

鹽 … 1g

牛奶 … 110g

橄欖油以外的植物油 … 6g

其他材料

臘腸 … 6 根

白巧克力片 … 12 片

巧克力豆 … 適量

作法

睡前你可以 完成 90% 臘腸捲

1. 牛奶稍微加溫，將所有麵團材料混合，揉至三光（手乾淨、攪拌盆乾淨、麵團光滑）。

2. 作法 1 蓋上溼布，醒麵 20 分鐘（冬天請延長至 30 ～ 40 分鐘）。

3. 在等待醒麵的時間，將臘腸蒸熟。

4. 麵團上撒點手粉（高筋麵粉），擀平去除氣泡，折三折後再次擀平，捲成圓棍狀。分成 6 等份，滾圓，蓋上溼布靜置 15 分鐘。

5. 小圓麵團鬆弛後，慢慢搓成長條狀，隨興繞上蒸熟的臘腸。

6. 家用水波爐強火蒸 12 ～ 15 分鐘（依自家火力調整）；或放入預熱好的電鍋，鍋蓋與鍋口間擋一大片溼布，蒸 12 ～ 15 分鐘。關掉加熱鈕後靜置 3 分鐘，再開蓋。放涼後置於冰箱冷藏，備用。

早晨繼續努力

7. 將前晚的臘腸捲放入電鍋中，加入 1/3 杯水，稍微蒸熱。

8. 融化巧克力豆，以探針或牙籤沾取適量，點在白巧克力片上做為雙眼，裝飾在臘腸上即可。

4a

4b

5a

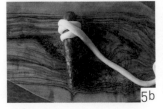
5b

6

8

熊熊兔兔甜甜圈球

那一夜，我們有些爭執，妳噙著淚上床，把自己裹進厚厚的棉被裡。

妳的背影縮得小小的，看起來好傷心，不像往常即使埋入黑夜依然亮晶晶。我難過、生氣，但有更多懊悔，再怎麼不開心也不該錯過與妳的抱抱和親親，以致於那一夜，做什麼事都提不起勁。

最終，我還是打起精神步入廚房，靠揉麵團讓自己冷靜，妳是我最深愛的人，再多不開心都不該無限蔓延。當下決定為妳做些甜甜的可愛食物，依我倆的默契，當妳睡醒見到甜甜圈那一刻，相信妳一定能明白，日子裡就算偶有烏雲，我依然好愛、好愛妳。

材料

麵團

高筋麵粉 … 300g

酵母粉 … 5g

牛奶 … 130g

雞蛋 … 1 顆

無鹽奶油 … 40 ～ 50g

砂糖 … 25g

鹽 … 2g

其他材料

杏仁片 … 少許

烘焙用巧克力豆 … 適量

砂糖 … 適量

作法

睡前你可以

1. 將麵團所有材料用攪拌器攪打成團,進行第一次發酵 40 分鐘。

2. 取出麵團,輕拍揉捏將空氣排出,揉成長條型。

3. 將作法 **2** 分割成數個 15g 的小麵團,滾圓備用。

4. 起油鍋 170℃,將甜甜圈球炸至金黃,放涼後密封置於 冰箱冷藏。

早晨繼續努力

5. 烤箱預熱 180℃,放入甜甜圈球熱烤 2 分鐘,不取出繼 續置放 5 分鐘。

6. 甜甜圈球耳朵處各剪一個小洞,兔子塞入長杏仁片、熊 熊則是短杏仁片。

7. 隔水加熱融化巧克力豆,適當處畫上五官(表情畫法詳見 P.24),剩餘的甜甜圈球沾滿砂糖,即完成。

牛奶吐司肉鬆捲

一直很喜歡捲著食物吃，私心覺得把喜歡的食物全部捲在一起，是種直接又熱情的味覺冒險。對有點挑食的孩子來說，看在牛奶吐司與肉鬆的份上，一不小心將紅蘿蔔吃下肚，也只是剛剛好而已。

又，早晨如戰場，要換衣服要吃飯又要刷牙洗臉，若有一捲在手，想抓著大口咬，或是拿刀切片有儀式感的吃，都好。

在鍋裡丟塊發酵奶油，等它融化冒泡飄出誘人香氣，再將吐司捲煎得通體金黃、油亮噴香。切片鋪排後，它們可愛的像幅畫，引誘著兄妹倆拉開椅子坐下，一塊還沒吃完，另一手已忍不住再往盤裡挾。

材料（2 大捲）

吐司 … 8 片

雞蛋 … 2 顆

紅蘿蔔絲 … 依個人喜好

小黃瓜絲 … 依個人喜好

肉鬆 … 適量

牛奶 … 適量

蛋液 … 適量

發酵奶油 … 15g（一般奶油也可）

作法

▶ 睡前你可以

1. 紅蘿蔔刨絲煎熟；小黃瓜刨絲備用。

2. 將雞蛋打入碗中，均勻打散，倒入小平底鍋煎成蛋皮。

3. 蛋皮鋪上紅蘿蔔絲、小黃瓜絲、肉鬆等喜歡的食材，捲起備用。

4. 4 片吐司鋪成大四方形，放上作法 **3** 的蛋捲，以壽司竹簾或錫箔紙緊緊捲起固定，放入冰箱冷藏。

▶ 早晨繼續努力

5. 從冰箱取出昨夜的吐司捲，表面淋滿牛奶，接著沾勻蛋液。

6. 平底鍋放入一塊發酵奶油，待融化冒泡飄出香氣後，吐司捲下鍋煎至呈金黃色，切成片狀，鋪排在餐盤上即完成。

玉子燒鍋鬆餅捲

幾顆蛋，一只玉子燒鍋，海苔兩張，一大杯鬆餅糊，再來些孩子喜歡的肉鬆和美乃滋。只需冰箱中常備的這些食材，上爐火捲一捲、壓一壓，就能組合出鹹鹹甜甜、讓孩子們喜歡的味道。

這是月考後第一個快樂星期五，窗外有陽光，書包裡有袋櫻桃以及哈克歷險記，桌上則是甜甜鹹鹹的鬆餅捲早餐。一天可以這樣展開，我和孩子們都覺得很棒。

材料（可做 2 份）

鬆餅麵糊

低筋麵粉 … 100g

砂糖 … 1 又 1/2 大匙

海鹽 … 一小撮

雞蛋 … 1 顆

牛奶 … 100g

橄欖油以外的植物油 … 1 大匙

無鋁泡打粉 … 1 小匙

其他材料

肉鬆 … 適量

美乃滋 … 適量

海苔片 … 2 大張

作法

睡前你可以

1. 調理盆內加入低筋麵粉、砂糖與海鹽，全數拌勻。

2. 取另一個碗，打入雞蛋、牛奶、植物油，輕輕混合均勻。

3. 將作法 2 慢慢加入 1 裡，以打蛋器攪拌均勻，鬆餅麵糊即完成。

2

3a

3b

4. 從冰箱取出前晚完成的麵糊，稍微回溫 5 分鐘，放入泡打粉拌勻。

5. 取一小碗放入肉鬆，擠入少許美乃滋，攪拌均勻。

6. 玉子燒鍋燒熱，抹一層油，轉小火，倒入 1/4 分量的鬆餅麵糊。

7. 麵糊稍微凝固起泡，鋪一層海苔，捲起推至鍋頂。

8. 鍋底抹油，再倒 1/4 分量的麵糊，待麵糊稍微凝固起泡，中央鋪一層美乃滋肉鬆。

9. 將作法 8 的海苔鬆餅捲，連同新的麵糊往下捲，收在鍋邊煎至呈金黃色。

10. 作法 9 包入壽司竹簾，捲起固定 10 分鐘。最後切成片狀，鋪排在餐盤裡即可。

Eve 料理小筆記

這份鬆餅麵糊配方相當萬用，適用於任何以鬆餅為基底的變化料理。

Part <u>2</u>

一起來吃飯吧！

被米飯餵養長大的孩子

我的兩個孩子，是被米飯餵養長大的。

從嬰幼兒時期的粥、打成泥的副食品，到現在手中捧著的那碗熱飯，始終是孩子填飽肚子的主要來源。掀開土鍋蓋，一鍋熱氣蒸騰晶亮飽滿、冷了也一樣美味的米飯，永遠比從沸水撈起，若不趁鮮品嚐風味即盡失的麵條，更令他們傾心。

老實說，我不是個習慣一早起床就吃飯的人，卻從孩子很小的時候，有計劃性的讓他們以米飯來開啟一天。當媽媽之後，勤奮的做了些功課，明白一只手掌大小飯碗的米飯，可讓孩子的身體立即汲取足夠能量，好輔助他們集中精神學習、活力穩當的運動，直至中午十二點午餐時間。

有時，孩子們吃剛起鍋的炊飯；有時，桌上有一盤趁熱捏的飯糰；有時，我們風雅的挾壽司入口；更多時候，孩子只是手捧飯碗，澆淋剛起鍋的鄉村煎蛋，或是搭著前一晚熬的肉骨茶，一口一口將飯掃進小肚子裡，飽足又開心。

自從嚐過「清香美人」高雄147，她那透著迷人光澤的外表，口感Q彈又帶點黏，且在口中留下淡淡芋頭香的特點，徹徹底底擄獲我的心，也征服家中那兩張愛吃米的小嘴。自此，哥哥扒飯更專注了，靜靜的，迅速且深情。至於妹妹，一個飽了就會停筷的孩子，面對高雄147，她非把最後一粒米放進嘴裡才肯罷休，毫無招架之力。

這一兩年，減醣行動全台風行，台灣人吃肉吃菜吃營養品，卻不吃米了，肉類進口量創下歷史新高，全台稻米產量連續幾年供過於求，讀這樣的新聞令人傷心也憂心，台灣農民我們不挺，還有誰支持？即使只是再小不過的力量，我仍然堅持月月買米、吃合理分量的米食，在米飯燜熟變好吃的那一刻，撥鬆它舀個兩勺放入喜歡的飯碗裡，為心愛的家人遞上。這是我給家人的情，也是一份鼓勵種稻人的心意。

早晨米飯暖暖吃

米飯可以前一天煮好冷藏或冷凍保存，早上再蒸熱即可；或是睡前將米洗好冷藏保存，早上以電子鍋快速煮米。

洋蔥玉米醬燒肉飯

滑開手機，找到音樂播放軟體點選 A-Mei 的歌，我迷戀多年、清亮悠揚的聲音輕輕自喇叭流洩，照亮我煮飯的早晨。

拿出平底鍋，淋上一小圈玄米油，擺進幾片稍厚、切片漂亮的五花肉塊。細雨持續的週間早晨，我決定為孩子們獻上鹹香油潤的玉米燒肉飯，施了魔法的肉片軟嫩滋味足，愛吃飯的兄妹倆一定很開心。

天涼，醬油特地下得比平常稍重一些，等燒肉醬汁收乾，肉片噴香入味熱騰騰起鍋，同鍋直接撒把玉米粒，與鍋內的肉汁和醬香拌炒，這樣的玉米拿來拌熱飯最銷魂了，能不吃完嗎？

材料

洋蔥 … 1/8 顆

梅花燒肉片 … 1 盒（200g）

玉米粒 … 適量

米飯 … 依個人喜好

調味料

醬油 … 2/3 大匙

屏大醬油膏 … 1 大匙

味醂 … 1 大匙

清酒 … 1/2 大匙

作法

睡前你可以

1. 洋蔥磨成泥，或用食物調理機攪至碎末。

2. 將調味料裝成一小盅，放入洋蔥泥，混合均勻，放入冷藏備用。

3. 事先將米飯煮熟，放入冰箱冷藏。

早晨繼續努力

4. 將前晚準備的米飯以電鍋加熱，備用。

5. 熱鍋中倒入 1 大匙油，放入梅花燒肉片，煎至兩面泛白。

6. 含有洋蔥泥的調味料下鍋，若肉片較厚出了水，請耐心等全部醬汁收乾。

7. 醬汁收乾後，夾起肉片，同鍋倒入玉米粒，待每一粒玉米皆沾附醬汁後，即可起鍋鋪於作法 **4** 的熱飯上。

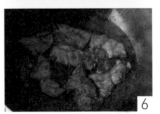

料理時間 25 分鐘

松子海帶芽稻荷壽司

萬物收成之秋，我從主婦聯盟帶回一包新鮮的松子。將他們倒進琺瑯淺盤，以低溫 150℃ 慢烤 15 分鐘，只需煮一壺水的時間，松子即曬成健康的、泛著金黃油光的小麥肌，對我來說，這可比原先的白淨臉蛋更令人動心。

秋收的喜悅，同樣在扭開爐火一瞬間。掀起土鍋蓋，這鍋香甜的米飯是今早的寶，丟入一把松子，切一點煮開的海帶芽，最後撒些海鹽、白芝麻油，趁熱拌一拌，好吃得不得了！

因為昨晚早早就上床了，此刻有大把精力將松子飯做成壽司，孩子教會我怎麼愛人，為他們費這點心思，太值得了。

材料（大約可做 8 個）

松子 … 40g

米 … 1 杯

水 … 1 杯

海帶芽 … 1 小把

海鹽 … 少許

白芝麻油 … 2 大匙

豆皮 … 8 片

水蓮 … 適量

作法

睡前你可以

1. 預熱烤箱 150℃，松子送入烤 15 分鐘直至顏色轉金黃，放入冰箱冷藏。

2. 事先將米飯煮熟；海帶芽以沸水泡開，剪成碎片狀，放入冰箱冷藏。

早晨繼續努力

3. 將米飯從冷藏取出，以電鍋加熱。

4. 以飯匙將作法 **3** 輕輕撥散，加入松子、海帶碎、少許海鹽與白芝麻油，全數拌勻。

5. 豆皮以沸水汆燙 1 至 2 秒去除生味，用紙巾拭乾水分，填入適量的松子拌飯，最後以燙熟的水蓮或菠菜梗綁結即完成。

1

2a

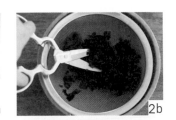
2b

4

5a

5b

Eve 料理小筆記

不妨先試試單純的松子拌飯，感受松子、白芝麻油與米飯交融的美妙。嚐過幾次或是時間充裕，再試著包入豆皮，感受截然不同的風味。

醬煮福袋蓋飯

涼爽的五月天，我將孩子們喜歡的油炸豆皮切半，塞入醃過的絞肉、紅蘿蔔絲，再倒些蛋液，最後以牙籤封起來做成福袋。

在那之前，先把甘露煮醬汁擱在爐上，當汁液噗嚕、噗嚕滾沸的同時，福袋也封好了。我讓它們在鍋裡排排坐泡熱湯，五分鐘過去，福袋熟透了，空氣中也瀰漫著醬油與紅糖混合的，非常家庭式的料理香。

我為孩子添碗五穀米飯，案上還有孩子的爸切的愛文芒果。今天的早餐吃得簡單，卻也有滋有味、飽足依舊。

油炸豆皮

油揚げ，是一種日本食物，中間是空心的，除了典型做成福袋醬燒，日本人也常拿它入味噌湯或鋪在狐狸烏龍麵上，豐潤易吸飽湯汁的油豆皮，幾乎能和所有的食材搭配。

材料（大約可做 6 顆）

	醃料	調味料
油炸豆皮 … 一包（3 片）	白醬油 … 1 小匙	醬油 … 2 小匙
豬絞肉 … 100g	清酒 … 1 大匙	香菇蠔油 … 2 小匙
紅蘿蔔丁 … 適量		味醂 … 2 小匙
青蔥 … 適量		二砂 … 1 小匙
蛋液 … 2 顆		清酒 … 3 小匙
水 … 170g		
米飯 … 依個人喜好		

作法

睡前你可以

1. 先將豬絞肉以醃料醃起來，放入冰箱冷藏。

2. 紅蘿蔔絲刨成細絲，再切成碎丁狀，青蔥切成末狀；
   調味料材料放入碗中，攪拌均勻，備用。

3. 事先將米飯煮熟，放入冰箱冷藏備用。

早晨繼續努力

4. 將米飯從冷藏取出，以電鍋加熱。

5. 取出前晚準備的紅蘿蔔丁、蔥末與醃好的豬絞肉，混合
   均勻。

6. 油炸豆皮切半，填入作法 **5** 豬絞肉，倒入適量蛋液，
   用牙籤封住袋口。

7. 取一深鍋，鍋中放入水，加熱至滾沸後，放入調味料，
   接著福袋下鍋煮約 10 ～ 12 分鐘，直至內餡熟透入味
   即完成。

昨日從市集帶回一尾竹筴魚一夜干，魚刺不多、肉甜緊實，價格又漂亮。早晨我手捧濾掛咖啡，聽青峰的歌，偎著廚房牆角暈黃的燈光，將它烤熱烤香。

冷冷的早晨，拿出心愛的土鍋，熬一鍋一夜干雜炊，只要備有味道乾淨的昆布柴魚高湯，不論手邊有什麼材料，都能在短時間內，滾出一鍋滋味雅致、豐儉由人的美味。

替孩子們準備即食柴魚片、一碟海苔絲，吃之前撒一些提香，接下來，就是盡情大口吃光光。要在灰噁的天色中打起精神上學並不容易，但至少肚子暖了、不餓了，就有向前的力量。

材料

米飯 … 1 碗
昆布 … 1 大片
水 … 600ml
一夜干魚 … 1 尾
即食柴魚 … 1 小包
高麗菜切絲 … 1/6 顆
熟的玉米粒 … 1 根量
青蔥 … 少許
雞蛋 … 1 顆
海苔絲 … 少許

調味料

醬油 … 1 大匙
味噌 … 1 大匙
味醂 … 1 大匙

作法

睡前你可以

1. 事先將米飯煮熟，放入冰箱冷藏。
2. 土鍋注入清水，將昆布擦拭乾淨，放入鍋中靜置一夜。
3. 取下一夜干的魚肉，剔除魚刺，放入容器中密封冷藏。

4 · 5 · 6

8a · 8b

4. 靜置一夜的昆布鍋，移至爐上以中小火加熱，在水冒出大量白煙沸騰之前將昆布取出，避免煮出腥味。

5. 水繼續加熱至沸騰，加入柴魚片、高麗菜絲，上蓋煮 2 分鐘。

6. 將魚肉放進鍋中，放入調味料，接著放入熟米飯。

7. 作法 **6** 上蓋，以中小火煮約 8 ～ 10 分鐘，不需熬成軟粥，只要米粒吸飽湯汁，鬆散好入口即可。

8. 轉小火，放入玉米粒與青蔥，滾 1 分鐘後在粥上淋一圈蛋液，熄火，輕輕拌勻。

9. 享用時，隨喜好撒上海苔絲、焙煎芝麻或即食柴魚片。

Eve 料理小筆記

水與米飯的比例約為 4:1，但可依個人喜好的湯汁量調整粥的濃稠度。

栗子味噌飯糰

「叮咚」，黃金板栗預購的訊息突然自手機螢幕蹦現，我拋下手邊的工作，迅速開啟訂購連結，就怕手腳慢了一步，歷經一整年的等待，終於在大地轉黃之際，開花結果。

一年一生、唯一在亞熱帶成功種植的黃金板栗就在台灣嘉義，即使個頭小小，卻濃縮巨大、不可思議的甘與甜。

哥哥喜歡直接手剝，像隻小松鼠般咔滋咔滋的吃；妹妹則愛在任何一道有栗子入菜的料理裡，尋找她口中的棕色小水滴。對我而言，無論炒燉拌蒸湯或是去殼直接嚼，無一不美味。而與雞丁和味噌一塊兒炒香，再捏成胖胖飯糰，則是日日早餐風景裡，一首以時序為題所譜的詩了。

材料

小型熟栗子 … 7 顆

米 … 1 杯

去骨雞腿 … 150g

白芝麻 … 適量

調味料

醬油 … 1 小匙

味噌 … 2 小匙

清酒 … 1 大匙

味醂 … 2 小匙

（這份調味適用於包入飯糰，若要
將栗子雞丁當成配菜，調味請斟酌
減量）

Eve 料理小筆記

飯糰趁熱捏，最容易定
型，米飯較不會散開。

作法

睡前你可以

1. 栗子入鍋與米飯一起炊煮，放入冰箱冷藏。

2. 雞腿切成丁狀；調味料放於小碗中，混合
均勻，放入冷藏備用。

早晨繼續努力

3. 取出前晚準備的冷米飯，以電鍋蒸熱；每顆
栗子切成 4 等份，備用。

4. 雞腿丁下油鍋炒至顏色泛白，接著栗子下
鍋翻炒，加入調味料，全體炒至醬汁收乾
即可。

5. 雙手沾溼，在熱米飯中央填入適量的作法
4 栗子雞丁，捏成飯糰，底部沾上白芝麻。

6. 若時間充裕，可在飯糰上埋一顆栗子，以
竹炭粉沾水畫五官，獻給可愛的孩子。（表
情畫法詳見 P.24）

料理時間 30 分鐘
起司烤飯糰

早晨，撒著陽光。我從冰箱取出昨晚做的起司飯糰球，先下平底鍋滾至定型，再一顆顆擺上烤網。

我知道，原本冷冰冰的飯球先在平底鍋滾熱，中心的莫札瑞拉起司將會融化，爆出迷人的口感；我也知道，飯球一定能成功喚醒剛起床還迷迷糊糊的小傢伙們，因為兄妹倆從來就無法抗拒起司的誘惑，尤其是歷經火烤，梅納反應後獨有的香。

兩顆起司烤飯糰、兩片玉子燒、兩隻早上現燙的小卷、一杯加熱過的鮮奶。剛剛好的分量，剛剛好飽足迎接一整天的挑戰。

材料

莫札瑞拉起司 … 數小塊

熟米飯 … 2 大碗

白醬油 … 少許

玉米粒 … 少許

海苔片 … 1 小張

作法

睡前你可以

1. 莫札瑞拉起司切成小塊狀，約食指第一指節的大小。

2. 取出手掌大小的熱米飯，中心包覆 1 塊莫札瑞拉起司。待冷卻後，每一單顆包上保鮮膜，放入冰箱冷藏備用。

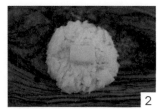

4 5a 5b

3. 平底鍋稍微抹一點油，熱鍋（不沾鍋可省略）。

4. 作法 3 放入前晚準備的冷飯球，手持鍋柄持續以畫圓移動的
   方式，讓飯球在鍋中滾動加熱。

5. 待飯球表面稍硬，不容易散開後，在飯糰表面刷上一層薄薄
   的白醬油，接著移至烤網將整體烤至金黃。

6. 飯球上方耳朵位置，以食物剪各剪一刀，插入玉米粒、點綴
   海苔造型器壓出的眼睛與鼻子，即完成。

Eve 料理小筆記

若家中無烤網，也可全程以平底鍋煎至表面呈金黃喔！

6a 6b 6c

蛋包福袋醋飯糰

2019 年初，我與家人在日本岐阜縣下呂溫泉區，度過一個美麗且悠閒的農曆新年。下榻的溫泉旅館充滿風雅的日式氛圍，女將為我們端上桌的料理同樣萬種風情。

其中一道蛋包飯糰，只是將醋飯與醬菜揉成飯球，包進蛋皮裡，卻像餐桌上盛開的一朵朵小花，滋味清爽好吃，令人難忘。

一年將近，春天又要來臨，家中露台盛開的藍雪花，將我的思緒拉回那個細雪紛飛的旅行早晨。我拌一鍋醋飯，煎幾張蛋皮，山上的櫻花就要開了，期待家裡的餐桌，綻放滿是思念的花朵。

材料（2 人份）

雞蛋 … 4 顆

油 … 1 大匙

醋飯 … 2 碗

造型竹籤 … 數支

18cm 平底鍋 … 一只
（底部為 14cm）

好吃壽司醋這樣作

材料（1 杯米分量）

昆布 … 1 小片

米醋 … 35g

砂糖 … 20g

鹽 … 8g

作法

將昆布、砂糖、鹽放入米醋內，以小火煮至糖、鹽融化即可。壽司醋偏酸是正常的，醋飯冷了才夠滋味。

作法

睡前你可以

1. 煮好醋飯醬汁、煮好白米飯，全部放入冰箱冷藏。

2. 雞蛋打成蛋液，平底鍋抹上薄薄的一層油。

3. 熱鍋後，每次下 2～2 又 1/2 大匙蛋液，煎 10 至 12 秒鐘，熄火，小心翻面再煎 3 秒即可起鍋。將蛋皮密封冷藏。

早晨繼續努力

4. 烤箱預熱 170℃，預熱完成後放入蛋皮，不烘烤，靜置 5 分鐘後取出。

5. 烤箱預熱期間將熟飯蒸熱，趁飯仍熱的時候拌入壽司醋，一邊以切拌方式拌勻，一邊以風扇吹涼。

6. 挖一大勺醋飯放入作法 4 蛋皮中央，輕輕將蛋皮四周一前一後折疊起來，確認長竹籤穿過所有的皺褶即可。

> **Eve 料理小筆記**
>
> ● 鑄鐵平底鍋要熱鍋抹油，若是小型不沾平底鍋則不必抹油，直接下蛋液，即能煎出平滑好看的蛋皮。
>
> ● 蛋皮福袋要成功，蛋皮不能太厚，飯也不能包太多，皮薄飯量少比較好操作，竹籤才撐得住喔！

麻油松阪豬土鍋炊飯

每年，當第一道東北季風南下，伴隨第一場雨時，我總會想起麻油香，既然心中有所念，就隨心意走吧！微涼的九月天，麻油不必下太重，只需溫溫的補，讓身體在秋分時節得到適當的溫柔、該有的照顧。

我不炒、不爆香，只利用土鍋的包覆蓄熱，鎖住豬肉、高麗菜、老薑、米酒與麻油交錯後的甘美。關火燜 15 分鐘，此時米飯吸飽湯汁精華，打開鍋蓋即香氣四溢，輕輕地拌勻後便能叫醒孩子，添一碗油潤鹹香的炊飯了。

用完餐後，我們三人共撐一把傘上學去，一路上被暖暖的小手牽著，霎時，我以為又回到盛夏時節，一顆心暖烘烘的。

材料（3～4 人份）

米 … 1 又 1/2 杯

松阪豬 … 300g

新鮮香菇 … 3 朵

高麗菜片 … 1 碗

薑 … 7 片

日式清酒 … 3/4 杯

醃料

鹽 … 2 小匙

黑麻油 … 3 大匙

作法

睡前你可以

1. 將白米洗淨，泡水 30 分鐘，瀝乾後放入密封盒冷藏。

2. 松阪豬逆紋切，以醃料抓勻後，放入密封盒冷藏。

3. 高麗菜洗淨、以手剝成片狀，冷藏備用。

2

4. 將香菇與薑切片,與昨晚備好的白米、醃好的松阪豬,連同醃汁一起倒入土鍋,全數拌勻。

4a

5. 將飯鋪平,擺上香菇片與高麗菜葉,倒入量米杯 3/4 杯的日式清酒。若是孩子要吃的,請換成清水。

4b

6. 作法 **5** 蓋上鍋蓋,以大火將水煮沸。湊近鍋子聽一下聲音,發出急促的噗嚕、噗嚕聲就是煮沸了。

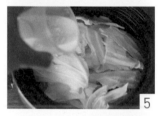
5

7. 作法 **6** 轉小火,續煮 10 分鐘。等鍋裡的水收乾後(可開蓋檢查),開大火煮 10 秒,熄火。

8. 作法 **7** 繼續燜 10 ～ 15 分鐘,期間不可打開鍋蓋。燜好後,淋上一圈黑麻油,以飯匙將炊飯輕輕撥鬆,即完成。

6

Eve 料理小筆記

這道炊飯也可使用電子鍋,選取快速煮米模式,煮好後燜一下。最後淋上一圈黑麻油,將米飯撥鬆就可以了。

湯蛋捲厚火腿壽司

比起玉子燒，我其實更喜歡高湯蛋捲。

雖然高湯蛋捲的表皮總是皺巴巴，顏色也不像玉子燒那麼鮮黃討喜，但，我喜歡料理過程被濃郁的柴魚昆布香氣擁抱、我喜歡因高湯而顯得軟嫩柔滑的五星級蛋液、我喜歡它手作感強的樸實外表、我更喜歡大口咬下，那盈滿口中的汁液與蛋香。因為實在太喜歡了，所以拿高湯蛋捲做壽司，使肉更鮮、飯更甜。

這回搭配的食材是厚切火腿，一個讓孩子眼睛一亮、但媽媽內心總是糾結的食品。但我總是說，偶一為之的「違禁品」是媽媽與孩子間的獎賞默契，火腿那麼香，久久才吃一次，那麼就開心嚐。

材料（3 人份）

湯蛋捲

雞蛋 … 3 顆
萬用昆布柴魚高湯 … 60g
（作法詳見 P.28）

白醬油 … 1 小匙
味醂 … 1 小匙

米 … 1 又 1/2 杯
火腿 … 1 條
海苔 … 適量

作法

睡前你可以

1. 煮好米飯，放入冰箱冷藏。
2. 火腿切成厚片，煎熟後放入冷藏備用。
3. 海苔剪成長條狀，密封好備用。

2a

2b

4. 將前晚準備的米飯,放入電鍋中蒸熱。

5. 煎熟的厚火腿放入烤箱,預熱 190℃烤 3 分鐘,備用。

6. 開始製作湯蛋捲。將蛋打散,加入日式高湯、白醬油、味醂,全部攪拌均勻。

7. 鍋底抹一層油,鍋熱了之後倒入作法 6 蛋液,待底部與鍋邊開始冒泡變色,將蛋液往鍋邊捲。

8. 鍋底再抹一層油,倒入蛋液,將鍋邊的蛋掀起來,讓蛋液流至底部包覆原先的蛋,再慢慢捲起至鍋邊。

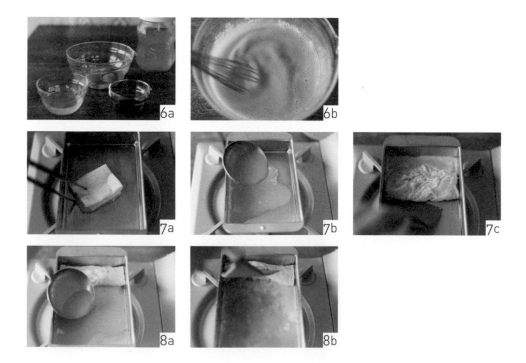

9a 9b 9c

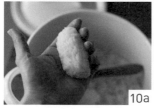

10a 10b

9. 重覆幾次作法 **7**、**8**，直到蛋液全部用完，取出切成
片狀。

10. 取出作法 **4** 的米飯，趁熱捏成握壽司狀，依序鋪上厚
火腿、湯蛋捲，取一段海苔從中間包覆起來即可。

Eve 料理小筆記

手邊如果臨時沒有日式高湯，可將柴魚片 5g 放入 250ml
的飲用水，放入冷藏浸置一夜，就是速成的高湯。

櫻花蝦豆皮炊飯

櫻花蝦，餐桌上的珍饈，小小一隻卻蘊藏著整座大海的滋味。牠是東港三寶之一，全世界僅產於台灣屏東東港海域、宜蘭龜山島海域以及日本靜岡縣駿海灣海域，一年唯有十一月初到隔年五月能限量捕捉。

這是台灣珍貴且獨有的滋味，即使昂貴，我也願意多付出一些，讓孩子認識這份來自南台灣濃烈的熱情，尤其，兄妹倆本就愛海、迷戀海味。

一把櫻花蝦、幾張壽司甜豆皮，好的乾香菇數朵，以及我家定番高雄147 號白米。這個早晨，迷人的櫻花蝦香氣不停從土鍋氣孔噴冒，與案上陪煮的咖啡香，交織出屬於家的日常，還有一段段我告訴孩子關於這個季節的旬味故事。

材料

米 … 1 杯

昆布柴魚高湯 … 1 杯

甜豆皮 … 4 張

中型乾香菇 … 2 朵

蔥花 … 少許

櫻花蝦 … 5g

即食柴魚片 … 少許

調味料

昆布鰹魚醬油 … 1 大匙
（濃縮款則改為 1 小匙）

海鹽 … 少許

作法

睡前你可以

1. 白米洗淨，泡水 30 分鐘，瀝乾後放入密封盒冷藏。

2. 備好昆布柴魚高湯。

3. 甜豆皮切段、香菇泡水切絲、青蔥切末，全部放入冰箱冷藏。

4. 將前晚準備的白米放入土鍋，鋪上香菇、甜豆皮以及櫻花蝦。

5. 倒入與米 1：1 等量的昆布柴魚高湯以及調味料，蓋上鍋蓋，大火將水煮沸（可開蓋檢查）。

6. 作法 **5** 轉小火，續煮 10 分鐘。等鍋裡的水收乾後（可開蓋檢查），開大火煮 10 秒熄火。繼續燜 10 ～ 15 分鐘，期間不可打開鍋蓋。

7. 將作法 **6** 用飯匙輕輕撥鬆，最後撒上青蔥、即食柴魚片，再以少許海鹽調整喜歡的鹹味，即完成。

Eve 料理小筆記

這道炊飯也可用電子鍋，選取快速煮米模式，煮好後燜一下，將米飯撥鬆就可以了。

4

5

6

7a

7b

Part 3

馬上就能吃！

尋常日子裡，總有那麼些時候…

昨日是孩子學校的秋季運動會，連續五年不曾缺席的我，今年當然也要站上第一線，抱抱孩子、為他們加油。一整天下來，大家都累壞了，兩個孩子分屬不同年級，手心手背都是肉，兄妹倆的精彩賽事我一場也不願意錯過。

至於當天我是如何完成任務，已不復記憶，只知道夕陽西下牽著兄妹倆回到家後，飢腸轆轆眼皮沉重，當下只想大口扒飯賴在沙發上，隔天早餐前置作業什麼的，完全無法思考。像這種時候，我總是很謝謝自己這些年努力的買菜、做飯，累積堪用的廚事經驗。於是，我可以放心的上床休息、睡個好覺，隔天一早帶著飽滿的精神步入廚房，看看家中的常備食材，能幫助我變出什麼花樣？

我喜歡拿雞蛋做早餐，小小一顆卻是那麼營養、富於變化；我喜歡調麵糊做煎餅，任何食材只要拌入雞蛋與麵粉，就能填飽肚子；我也喜歡拿前一天吃剩的燉肉、燉湯玩料理加法遊戲，加號後頭填入牛奶或起司，有時放入番茄與洋蔥，一樣能算出正解。這些腦力激盪，是我日復一日燒水煮飯備菜的工事裡，熱情持續的原因。

我美好的童年記憶，許多時候是和飲食連結在一起的。當年不盛行外食，餵養我長大的每一頓飯，全出自媽媽的手。我的媽媽是位忙碌且成功的上班族，在還沒有週休二日的年代，每天上午七點多即能見她穿戴整齊出門的身影，直至傍晚才歸來，一刻不得閒。但媽媽從沒讓家裡的餐桌缺席任何一頓熱食，餵飽我們永遠是她的第一要務。

是媽媽讓我明白，在這個凡事講求快速的年代，有一種快速，裡子仍藏著講究，在化繁為簡的料理步驟裡，依舊能嚐到用心。所以，即使在我成了家，理出一條屬於自己的烹煮工法、與媽媽截然不同的路，仍會在某些被突發事件打亂計劃，或是累了想休息一下的時刻，放下前夜備餐的習慣，參考媽媽的經驗，在最短時間內展現食材特性，讓食材做主，成就一早的營養。

料理時間 5 分鐘

柴魚香鬆鄉村煎蛋

喜歡早晨窗邊的陽光；喜歡你們的小臉蛋因而鑲上一圈金黃；喜歡你剛起床迷迷糊糊睜不開眼；喜歡妳仍把小嘴巴張開，一口一口，掃光桌上的早餐。

今天我們吃熱飯配煎雞蛋，而且是又滑又嫩的鄉村煎蛋，自蛋液下鍋到起鍋只要十秒鐘的時間，最後撒點自家炒的柴魚香鬆。明明是平凡不起眼的料理，你們倆卻那麼捧場、吃得好香。

對掌廚者來說，煎好一顆蛋是所有料理的起點，而你們倆就是媽媽的小雞蛋。當年，我因你們洗手做羹湯，往後的每一天，也要繼續把你們餵飽、養得快樂又健康。

材料

雞蛋 … 3 顆

油 … 2 大匙

自製柴魚香鬆 … 適量
（作法詳見 P.39）

熟米飯 … 適量

作法

當天現做

1. 將雞蛋打入碗中，攪拌均勻備用。

2. 待鐵鍋確實燒熱後，倒入 2 大匙油，倒入作法 1 蛋液。（若是不沾鍋，請省略熱鍋步驟）

3. 等鍋邊開始冒泡，用筷子將蛋液從四周往中心撥動、集中。

4. 作法 3 的蛋液呈現七分熟後，立刻熄火、盛盤。

5. 撒上自製柴魚香鬆，請趁熱搭配白飯大口享用。

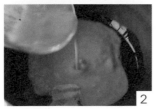

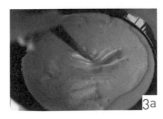

油揚鮪魚起司燒

我崇尚大地色系，最愛櫥櫃裡棕色那只煮水壺，也迷戀一切的木質餐具。所以當烤吐司神器推出限定可可色時，忍了好久的理智線就這麼瞬間斷裂，二話不說，立刻上網下單將它抱回家。

為了證明心愛的可可美人不只會烤吐司，我特地跑一趟日系超市，買幾包油揚げ，在某個飄著細雨的秋日早晨，與可可美人聯手，為孩子弄點好吃的、會冒煙的療癒食物。

兄妹倆叉起盤裡狂冒煙的鮪魚燒，呼呼呼地猛吹再大口咬下，連掉在盤子裡的玉米也捨不得錯過，兩人食慾大開，吃得好香、好香。

材料

油炸豆皮 … 4 片

水煮鮪魚罐頭 … 1 罐
（約 70g）

小番茄 … 適量

玉米粒 … 適量（約 4g）

美乃滋 … 適量

現磨黑胡椒 … 少許

莫札瑞拉起司 … 8 片

作法

當天現做

1. 豆皮放入沸水中，汆燙去除豆味，再以紙巾充分壓乾多餘水分。

2. 將鮪魚搗碎，放入玉米、美乃滋，磨一些黑胡椒，全部拌勻。

3. 將作法 **2** 鋪在豆皮中央，蓋上莫札瑞拉起司。

4. 送入家用小烤箱，200℃烤 5 分鐘。

5. 作法 **4** 取出後鋪上切半小番茄，170℃烤 3 分鐘即可。

1a

1b

2a

2b

3

4

Eve 料理小筆記

這道料理的時間適用於 BALMUDA 小烤箱，一般家用烤箱預熱 200℃烤 8 至 10 分鐘，鋪上番茄後再續烤 3 分鐘，但仍需依各家烤箱狀況做調整喔！

奶油玉米杯

朝陽在孩子入座那一刻撒下，我欣喜的舉起相機，像向日葵般追著光亮跑，雖然很快的它又躲入雲層，但短暫的美，已足夠為我解憂。其實也沒什麼好憂愁，今天可是快樂星期五呢！餐桌上有孩子們喜歡的奶油玉米杯，以及香蒜口味翅小腿。

送一口玉米進嘴裡後，女兒突然問我：「媽咪，妳頭痛好點了嗎？」愣住幾秒鐘，才想起昨晚晚餐結束，拿抹布彎下腰擦拭餐桌地板，站起來那一刻沒注意，整顆頭「碰」的撞上桌底，發出好大的聲響。

我感動的抱抱女兒，告訴她媽媽沒事了。一早被心愛的孩子寵愛，忍不住幸福的笑了出來。

材料（2 人份）

即食玉米粒 … 2 罐

無鹽奶油 … 20g

莫札瑞拉起司 … 25g（1 大片）

西班牙紅椒粉 … 適量

培根碎 … 適量（作法詳見 P.40）

作法

> **當天現做**

1. 起一鍋滾水，放入玉米粒迅速燙 15 秒，起鍋瀝乾，並趁熱放入無鹽奶油拌勻。

2. 將莫札瑞拉起司撕碎，放入作法 **1** 玉米裡，放進家用小烤箱稍微加熱，直至起司融化。

3. 若無莫札瑞拉起司，也可換成帕瑪森起司粉。此時則可略過烤箱加熱步驟，吃之前直接撒上即可。

4. 將玉米分裝至小碗或杯子裡，撒點西班牙紅椒粉、培根碎，就完成了。

2a

2b

2c

4

> **Eve 料理小筆記**
>
> 市售的西班牙紅椒粉有分辣味 HOT，甜味 SWEET，甘甜味 BITTER-SWEET，其實三者都有異想不到的香氣，即便是 HOT 辣味，辣度也是孩子能接受的喔！

日式燒咖哩

日落時分，是我到路口接孩子放學的時刻，約莫五點半左右，就會有一輛車頂圓圓的白色小巴出現在不遠處，朝我奔來。孩子一下校車，總會大聲喊著：「好餓、好餓，晚餐我們吃什麼？」只要從我口中聽到：「今天吃咖哩飯。」接著一定是一陣歡呼，沒有例外。

替返家的孩子與收工的先生燉一鍋熱呼呼的咖哩配上熱飯，永遠是快速且不會出錯的選擇。我習慣留下四分之一冷藏起來，隔日早餐只要請它出場、稍做變化，又是一頓精采。

一點牛奶、兩塊起司片，入烤箱與麵包一起烤至金黃。舉起叉匙大大挖一勺，抹上麵包送入口，一鍋咖哩帶來的幸福效益，還真不是三兩句話能說得完。

材料

咖哩材料

豬梅花肉 … 600g
洋蔥 … 1 顆
馬鈴薯 … 2 顆
紅蘿蔔 … 1 根
大蘋果 … 1/2 顆
中小型牛番茄 … 1 顆
市售咖哩塊 … 半盒
冰糖或味醂 … 1 大匙
水 … 淹過食材的量，
　　　約 500 ～ 600ml

牛奶 … 適量
起司片 … 4 片

作法

睡前你可以

1. 豬梅花肉切塊；馬鈴薯、紅蘿蔔滾刀切；洋蔥切片；蘋果去皮切小丁；番茄去皮切丁，備用。

2. 鍋中放入 1 大匙油，放入豬梅花塊炒香、帶點焦色，接著將洋蔥炒軟。

3. 馬鈴薯、紅蘿蔔下鍋炒香，接著蘋果與番茄下鍋炒香。

4. 加水淹過食材，煮滾後撈除浮沫，蓋上鍋蓋，轉小火煮 20 ～ 30 分鐘。

5. 關火，放入咖哩塊仔細攪散，再開小火煮 10 ～ 15 分鐘，最後放入冰糖或味醂，續煮 3 ～ 5 分鐘。冷卻後再放入冰箱冷藏。

早晨繼續努力

6. 將前晚準備的咖哩倒入小烤盅，淋上少許牛奶，攪拌均勻。鋪上兩片披薩專用起司片。

7. 烤箱預熱 190℃，放入作法 6 烤 8 至 9 分鐘，享用之前撒上巴西利即可。

6a

6b

6c

番茄雙蛋抹法棍

第一次嚐到番茄炒皮蛋，是在宜蘭山邊的小吃攤。老闆將宜蘭特產溫泉番茄與皮蛋以大火快炒，起鍋前再淋一圈蛋液，一入口那驚為天人的酸香濃郁，至今仍像首在我腦海中低迴的歌曲。

於是，每當我想念東北方那片淨土時，心頭必定浮現那道小吃。它食材單純、取得容易，原來在自家餐桌上，可以一秒瞬間進出宜蘭。

吃膩了法棍上的番茄莎莎醬嗎？這個早晨不妨顛覆一下味蕾的習慣，換上可愛的台灣地方味，我們家孩子好喜歡，希望你們家的也是。

材料（4 人份）

中型番茄 … 2 顆

皮蛋 … 2 顆

雞蛋 … 1 顆

法棍 … 1 根

屏大醬油膏 … 1 大匙

海鹽 … 少許

作法

當天現做

1. 番茄去皮切丁。不必過於細碎，以免拌炒時大量出水。

2. 將皮蛋切丁、雞蛋打成蛋液。

3. 於鍋中放入 1 大匙油，將番茄丁炒香，接著下皮蛋，全部炒勻。

4. 作法 3 放入醬油膏，撒上少許海鹽，略微拌炒後倒入蛋液。

5. 作法 4 開中大火燒 5 秒，熄火，以餘溫拌勻蛋液。

6. 將法棍切片，淋點橄欖油入烤箱烤至酥脆。再將番茄皮蛋鋪滿法棍表面一起享用。

脆皮法式吐司

我家的法式吐司不在牛奶浴裡過夜，一家大小剛好都抗拒過於軟嫩的口感。於是，吐司浸泡牛奶只是瞬間，沾蛋液亦是，唯有接下來包覆的酥脆外衣，我一定會仔仔細細，讓吐司的每一面、每一個縫隙，全部鋪滿玉米脆片，以求入口的每個瞬間，皆極致酥脆。

這，就是我心目中完美的脆皮法式吐司。

噢，還有蜂蜜，它可是料理的要角，為法式吐司佐以一點點蜜，在切一大塊送入口的那一刻，口、身與心，全兼顧了。

材料（2 人份）

厚片吐司 … 3 塊　　　　　奶油 … 少許

牛奶 … 20ml　　　　　　蜂蜜 … 少許

蛋液 … 1 顆份　　　　　　防潮糖粉 … 少許（可省略）

玉米脆片 … 適量

作法

> 當天現做

1. 將厚片吐司兩面吸滿牛奶，接著均勻沾上蛋液。

2. 作法 **1** 仔細鋪上滿滿的玉米脆片。

3. 於煎鍋中放入奶油，將吐司煎至兩面呈金黃色即可。

4. 作法 **3** 盛盤後，撒上防潮糖粉、淋一圈蜂蜜，請趁熱享用。

1a

1b

2

3

> **Eve 料理小筆記**
>
> 各種口味的玉米脆片皆可。當孩子們很乖或月考結束時，甚至是某項挑戰過後，不妨為寶貝獻上巧克力口味的脆皮吐司，他們一定會很高興！
>
>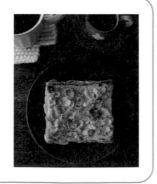

料理時間 25 分鐘

咖哩麵包與蘋果小姐

我最喜歡咖哩麵包超人了！甜甜的麵包頭，包著熱熱的辛咖哩，遇到壞人會吐出咖哩來攻擊，是位正義又可靠的朋友。麵包村的夥伴都喜歡吃他煮的咖哩飯，而且他還喜歡可愛的女生，像是蘋果小姐。

這麼討喜的角色竟然還有心上人，真是可愛，這個早晨我決定讓他們兩個在一起，咖哩與蘋果天生如此合拍，搭在一起一定很美味。

只要有厚片吐司與吃剩的咖哩，就能做出簡易版咖哩麵包。最棒的是，咖哩中混合的蘋果片所帶來的小亮點，足以讓我為剛起床的孩子講一段可愛又浪漫的，關於麵包村的故事。

材料（可做 4 份）

厚片麵包 … 2 片

大蘋果 … 半顆
（小蘋果則為 1 顆）

晚餐吃剩的咖哩 … 適量
（作法詳見 P.122）

蛋液 … 適量

牛奶 … 適量

麵包粉 … 適量

作法

> 當天現做

1. 厚片吐司切半，將麵包直立，從中央以料理
   剪往下剪開 2/3，讓吐司呈現口袋狀。

2. 口袋內塞入 4 片蘋果片，接著填入八分滿的
   咖哩，將袋口捏緊，備用。

3. 將蛋液、牛奶與麵包粉分裝於淺盤，備用。

4. 將吐司袋口再次捏緊，依序沾上牛奶、蛋液，
   裹滿麵包粉。

5. 平底鍋倒入約 0.3cm 高、較耐高溫的油，以
   油煎的方式將麵包兩面煎至呈金黃色即可。

1

2a

2b

3

料理時間 25 分鐘

火烤味噌牛肉馬鈴薯

我喜歡冷空氣，但時序一旦入冬，活力值就瞬間掉了一大半。台北的冬季陰冷多雨，有暖陽的日子不多，而我的活力總是來自於陽光啊！

所以我總是說，還好有歡樂的聖誕節，還好台灣本土馬鈴薯始於冬季，於是天色灰黯的十二月與期待同時存在，我們可以一邊吃馬鈴薯，一邊為聖誕倒數。

我最喜歡台灣馬鈴薯了，澱粉含量少一些，不會一煮就化掉，而且產地直送，也不需擔憂抑芽劑的問題。所以，當台灣進入馬鈴薯盛產期，我的眼裡怎麼裝得下進口貨？當然是吃在地、吃當令，將馬鈴薯烤香、燉成湯、煮成咖哩，趁它最鮮美的時刻。

材料（4 人份）

馬鈴薯 … 4 顆

洋蔥丁 … 1/4 顆

牛絞肉 … 100g

奶油 … 5g×8 份

披薩專用起司 … 適量

調味料

味噌 … 4g

蠔油 … 1/2 小匙

味醂 … 1/2 小匙

Eve 料理小筆記

這道烤馬鈴薯可以帶皮一起吃，而且一定要趁熱享用，美味極了！

作法

1. 馬鈴薯帶皮蒸熟，縱向切半，取叉子將馬鈴薯刮鬆。

2. 將湯匙背面抹勻味噌，扭開瓦斯爐，靠近火源將味噌烤香，直到表面帶一點焦色即可。

3. 平底鍋倒入 1/2 大匙的油，將洋蔥丁下鍋炒至稍微出水變黃，接著放入牛絞肉，全部炒香。

4. 從作法 2 湯匙背面刮下味噌，入作法 3 鍋中炒勻，最後倒入剩餘的調味料，全數拌炒均勻。

5. 在作法 1 的馬鈴薯盅裡放一塊奶油，依序鋪上馬鈴薯果肉、炒好的牛絞肉、披薩專用起司。

6. 烤箱預熱 190℃，烤 8 ～ 10 分鐘，直到起司融化呈現金黃色即可。

桂花地瓜籤餅

好友捎來苗栗頭城依古法製造的桂花釀。電話裡的她，聲音亮亮的，好開心的告訴我，這可是用苗栗蜂農自產的純蜂蜜，加上水晶冰糖、柴燒有機麥芽，以及手挑新桂花做成的。小小兩罐，剔透晶瑩映出黃澄澄的光，非常別緻。

2020 年的冬至特別冷，還好我有朋友的愛，可以與 TWG 沖成茶暖暖入喉，更可以為晚上的冬至湯圓，加兩瓢桂花香。

啜飲一口桂花紅茶，內心盤算著，明天的地瓜早餐也可以拿桂花入菜，到時候我得把照片傳給好友看，謝謝她美好的心意，朋友看到了，一定會開心地笑得像朵花。

材料（6 塊掌心大小的籤餅）

中型地瓜 … 2 條

（麵糊）

中筋麵粉 … 100g

雞蛋 … 1 顆

桂花蜜 … 2 大匙

鹽 … 1g

水 … 120ml

Eve 料理小筆記

麵糊很稀是正常的，
地瓜籤撈完後剩下的
麵糊千萬別丟，下鍋
煎成餅，口感 QQ 滋
味甜甜，我們家孩子
超級喜歡。

作法

當天現做

1. 地瓜去皮，削成長籤狀，削得越細越好，才能快速煎熟。

2. 將麵糊材料放入大碗中，調好麵糊，備用。

3. 將作法 **1** 和 **2** 的地瓜籤與麵糊，充分混合均勻。

4. 平底鍋中倒入 1 大匙油，熱鍋後放入作法 **3** 地瓜籤（約成人掌心大小），以鍋鏟沿邊緣順成圓形。

5. 作法 **4** 蓋上鍋蓋，以中小火煎 3 分鐘，翻面，上蓋再繼續煎 3 分鐘。

6. 將作法 **5** 掀蓋，用鍋鏟將地瓜籤稍微用力向下壓平，直至兩片烙至金黃酥脆即完成。

鮪魚玉米圓煎餅

在冰箱空空、腦袋也空空的週一收假日，還好還湊得出雞蛋、洋蔥、紅蘿蔔、冷凍玉米粒與小黃瓜，足以讓我為孩子填滿這天的早餐選項。

在所有常備食材裡，我最依賴的就是麵粉了！只要家裡有麵粉，任何時候打入一顆蛋、兌一杯水，拌些許鹽或糖，再下鍋煎香，永遠不怕餓肚子。

以這樣的概念延伸，麵糊裡可以添加各種喜歡的食材，在沒睡飽的早晨、還沒上市場買菜的早晨、肚子好餓想立刻吃到東西的早晨，這些煎餅永遠是最完美的救火大隊擔當。

材料

鮪魚罐頭 … 1 個

雞蛋 … 1 顆

玉米粒 … 適量

紅蘿蔔丁 … 適量

洋蔥丁 … 1/4 顆

小黃瓜或櫛瓜丁 … 半條

中筋麵粉 … 3 大匙

海鹽 … 少許

白芝麻油 … 1 大匙

作法

當天現做

1. 鮪魚罐頭、雞蛋、玉米粒、紅蘿蔔丁、洋蔥丁、小黃瓜丁，放入碗中全部拌匀。

2. 慢慢加入麵粉拌匀，放入海鹽調味，再加入白芝麻油，全部輕輕攪拌均匀。

3. 平底鍋加入 1 大匙油，麵糊分次倒入，以中火慢煎成小圓餅，煎至兩面呈金黃色即完成。

Part 4

燉一鍋熱呼呼的湯

早晨喝湯，款待自己

深沉睡了一夜，一早醒來精神是補足了，但身子卻空空、乾乾的，需要適當的食物滋養，補充剛剛好的水分。

那就喝湯吧！給早晨的胃一碗營養的湯品，好好款待即將出門打拚的自己。雞湯補充蛋白質，蔬菜湯提供維生素與礦物質，加入牛奶一起熬煮的濃湯，等於替孩子成長的骨骼加點鈣。就算不論因果功利，光是手捧暖呼呼的湯品，一瓢一瓢送進嘴裡，那早晨美好的儀式感，一汁一菜對健康的堅持，也足以描繪一個廚房活絡、有愛有溫度的家。

湯品可以早上現煮，更可以前一天熬起來放，只需依照手邊食材的特性與時間餘裕來安排。湯品可以搭配麵包，可以放入一些通心粉，就算只有一碗米飯配熱湯，一早需要的卡路里及營養也不打折。

湯品變化多，有如海納百川，任何食材都能加乘出自家喜歡的味道，只要循當令、依季節採買。像是春夏，我們喝葉菜湯及鮮魚豆腐鍋；來到秋冬，市場則滿是香甜的南瓜、栗子與菱角，全都適合放入雞湯一起小火慢煨。一個習慣在早晨喝湯的家庭，精神與體力都好，即使入冬，手腳仍是暖的。

就像這個陽光難得露臉的十二月早晨，快煮一鍋黃金蜆蔬菜鮮魚湯，帶點清透感的白色湯汁裡，幾乎不需多餘的調味，已滿載蜆貝魚片及當令大白菜所釋出的鮮。我給孩子一人一碗，搭配手掌大小的五穀米，剩餘的湯品中午加熱後，就成了另一半午間返家休息的午膳。一家人趁新鮮，在半天之內把一鍋湯喝得一滴不剩，精力補了，也沒有過量攝取，這些年來我們就是這樣慢慢發展出自家的飲食模式，非常自在，也方便我規劃及採買。

這是個早晨盛行喝湯的年代，比喝咖啡、喝茶還風雅健康，稍早我濾了一鍋金黃剔透的昆布柴魚高湯，我知道，明天早晨我們將可以暖和的過。

蘆筍馬鈴薯濃湯

我做給孩子們喝的第一道濃湯基底，不是玉米，不是南瓜，而是鬆軟香甜的馬鈴薯，盛產在春暖花開的三月天。

與馬鈴薯一塊兒在市場爭艷的還有春季的蘆筍，台灣產蘆筍汁多甘美，筍尖麟片飽滿密實，絕非進口蘆筍能比擬。

將這兩樣大地賜予的禮物合而為一，在仍然有些冷、需要熱湯撫慰的春日早晨端上餐桌。原本口味偏清淡的食材，結合後釋放的甜、滋味之高雅，完全超出意料之外，兄妹倆光速喝掉一碗，各自又盛上一些，吃得好香。讓人嘴角微揚的小小幸福，總在不經意的尋常日子裡倏忽蹦現。

材料（2 人份）

馬鈴薯 … 2 顆
洋蔥 … 1/4 顆
蘆筍 … 2 大根
油 … 1 大匙
水 … 適量

海鹽 … 適量
牛奶 … 適量
培根碎 … 適量（作法詳見 P.40）
冷壓初榨橄欖油 … 少許

作法

▶ 睡前你可以　完成 90% 的濃湯製作

1. 馬鈴薯去皮切丁；洋蔥切丁；蘆筍切成段狀，備用。

2. 鍋中倒入 1 大匙油，將洋蔥炒軟，蘆筍與馬鈴薯炒香。

3. 於作法 2 加入蓋過食材的水，煮滾後轉小火，煮至食材軟爛。

4. 將作法 3 以食物調理棒或機器打成泥狀，密封放入冰箱冷藏。

▶ 早晨繼續努力

5. 將前晚準備的濃湯鍋底，加入牛奶，煮滾的過程請輕輕攪拌，太濃稠就加牛奶稀釋。

6. 待作法 5 湯品表面煮至微微冒泡，撒入少許海鹽調味。

7. 品嚐之前，淋一圈冷壓初榨橄欖油或亞麻仁油，再以培根碎點綴即完成。

料理時間 10 分鐘

白菜豬肉雪見鍋

一早醒來，地板好冰。暖夏遠離，深秋將盡，我替自己找雙襪子穿上，讓可愛的水玉點點保暖雙腳，只要腳暖，身子就不冷了。

今天吃白菜豬肉雪見鍋，在這個白菜與蘿蔔大出的季節。這是道只要在前一晚做好，隔天再吃會更甘甜的湯品。不同於以往熟悉的白菜豬肉鍋，磨入新鮮的雪見白蘿蔔泥一塊兒熬煮，那鮮甜如梨的好滋味，請務必試試。

輕鬆加熱晚餐特地留下三分之一的湯品，我進房呼喚兄妹倆，吃飯、喝湯、梳洗、背書包上學去。看似平凡、不經意的日子，孩子卻在這日復一日間，好好的長大呢！

 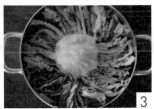 

材料（4 人份）

大白菜 ⋯ 1/2 顆
豬五花肉 ⋯ 400g
昆布柴魚高湯 ⋯ 400ml
雪見白蘿蔔泥 ⋯ 1/4 根
青蔥 ⋯ 1 小根

調味料

柴魚醬油 ⋯ 3 大匙
（濃縮型改為 1 大匙）

蒜泥 ⋯ 2 小匙
海鹽 ⋯ 適量
味醂 ⋯ 適量

作法

睡前你可以 完成湯品製作

1. 一層大白菜，鋪排適量的豬五花肉片，重覆疊高約五、六層。

2. 作法 1 切成 3 等份，依序以圓形放射狀鋪排於鍋中。

3. 將白蘿蔔磨成泥，置於作法 2 正中央。

4. 加倒入昆布柴魚高湯至七分滿，滾沸後放入調味料，以小火煮 15 分鐘。

5. 青蔥切成蔥花，備用。

早晨繼續努力

6. 早晨將湯品加熱，最後撒上適量的蔥花，即完成。

Eve 料理小筆記

完成後的雪見鍋湯頭清甜，調味不需下太重，可沾些日式柑橘醋一起享用，非常對味。這道湯品前一晚煮好，隔天早晨再喝更清甜喔！

雞肉南瓜湯

今天喝南瓜湯。哥哥想了很久的南瓜湯。湯裡有洋蔥、雞肉、牛奶，與蒸得鬆鬆軟軟的南瓜，在溫度爬呀爬呀抵達剛剛好的某個時刻，熄火，攪打成泥。

好香、好濃的南瓜湯裡，有隻小白熊噗通跳進去。清晨灑下一場雨，天空飄來好多好多雲，真涼爽呢！所以很適合泡湯。望著金黃湯池裡的小白熊泡泡舒服的澡，突然羨慕起他來。這湯集結了許多當令食材，多滋養呀。

「好可愛唷！媽咪可以借我一個盤子嗎？小白熊我想留到最後再吃。」

材料（2 人份）

南瓜湯

小型南瓜 … 2 顆

雞柳 2 條 … 約 60g

洋蔥 … 1/4 顆

油 … 1 大匙

牛奶 … 300 〜 400ml

海鹽 … 適量

小白熊湯圓

糯米粉或白玉粉 … 50g

水 … 40 〜 42ml

巧克力磚 … 少許

作法

睡前你可以 完成湯品製作

1. 切掉小南瓜的蓋子，蒂頭向下延伸約 1/8 處，呈現南瓜小盅的樣子。

2. 作法 1 放入電鍋蒸約 2 〜 3 分鐘，至可挖出果肉的程度即可。切勿蒸太熟以免南瓜外皮過於軟爛，將果肉挖出後，南瓜盅放入冰箱冷藏。

3. 洋蔥切成小丁狀；雞柳切成丁狀，備用。

4. 鍋中倒入 1 大匙油，將雞柳炒至稍微變色，接著放入洋蔥，兩者一起炒至香軟。

 5a
 5b
 5c

 7

5. 將作法 **2** 的南瓜果肉放入作法 **4**，全部拌炒後，慢慢加入牛奶，直到容易攪拌的狀態即可，牛奶不必全部倒入。

6. 作法 **5** 以小火慢煮，直至湯汁表面微微冒煙，即可關火。

7. 作法 **6** 以調理棒打勻或移至調理機打碎，再以小火加熱南瓜濃湯，並放入海鹽調整成喜歡的味道。

小白熊湯圓　1. 水與粉混勻後，揉成光滑狀。

2. 依南瓜盅大小，揉出適合比例的一大（臉）、兩小（耳朵）麵團。

3. 適當位置沾點水，將 2 個小麵團黏在大麵團耳朵處，放入冰箱冷藏。

 1
 2
 3

早晨繼續努力

南瓜湯

1. 早晨加熱南瓜湯，太濃稠可加入少許牛奶，
   慢慢調整成適當的稠度。

2

小白熊湯圓

2. 起一鍋沸水，投入小熊湯圓煮至浮起。

3. 隔水加熱融化巧克力磚，以尖頭探針沾巧克
   力醬，畫上五官即可。

3

Eve 料理小筆記

糯米粉與水的比例大致是 10：7，分量中的粉可以揉約 6～7 隻小熊。

番茄鮮蝦數字湯

揉揉眼睛，孩子說還想睡，我說我懂，媽媽也掙扎好久才清醒過來。像這樣寒意一波波的冬日早晨，有誰能灑脫地向被窩告別呢？

所以我煮一鍋暖呼呼的番茄湯，熬進一整粒洋蔥，還有三大顆黑柿番茄。多數的家庭廚房喜歡用牛番茄燉煮香甜軟糯的番茄湯，但我特別迷戀黑柿一點紅那股酸溜醒腦的風味，拿它來熬湯，天然的酸與甘甜交錯，每一口還能吃到較完整的果肉，這樣多好。

不只番茄湯，媽媽還在湯碗裡加進手擀的數字麵，為你們的數學考試加油。這是個有點辛苦的考前一週，還好我們彼此陪伴鼓勵，再累，也能好好撐過去。

材料（2～3人份）

數字麵

中筋麵粉 … 200g

水 … 90g

鹽 … 2g

數字餅乾模 … 1 組
（英文字母模同樣可愛）

抹茶數字麵

中筋麵粉 … 200g

抹茶粉 … 10g

水 … 100ml

鹽 … 2g

番茄鮮蝦湯

梅花肉片 … 6 片

蝦 … 10～12 尾

油 … 1 大匙

洋蔥末 … 半顆

蒜頭末 … 10g

黑柿番茄 … 1 大顆（中小型請用 2 顆）

番茄糊 … 1/2 罐

昆布柴魚高湯 … 500ml（清水亦可）

海鹽 … 適量

味醂 … 適量

作法

睡前你可以 製作數字麵

1. 麵粉、抹茶粉與鹽拌勻,加入清水揉成團,慢慢用雙手將麵團揉壓成光滑無顆粒狀。

2. 滾圓後蓋上溼布,醒麵 20 ～ 30 分鐘(冬天需要久一點時間)。

3. 撒點手粉,以擀麵棍將作法 2 麵團擀平成大薄片。

4. 將以數字餅乾模壓出數字麵,放入冰箱冷藏。

完成湯品製作

5. 於湯鍋中加入 1 大匙油,將梅花肉片與鮮蝦炒香,取出備用。

6. 作法 5 原鍋炒軟洋蔥與蒜末,黑柿番茄去皮切塊後也下鍋炒香。

7. 作法 6 倒入番茄糊,全部拌炒,再倒入柴魚高湯,滾沸後,轉小火續煮 10 ～ 12 分鐘。

8. 作法 5 肉片與鮮蝦放入鍋內,開蓋煮 1 ～ 2 分鐘,以海鹽與味醂調味即完成。

早晨繼續努力

9. 滾一鍋沸水,數字麵煮至浮起,取出備用。

10. 加熱番茄鮮蝦湯,放入作法 9 的數字麵,準備吃早餐囉!

4a

4b

9

鮮蝦花枝丸黃瓜湯

睡前煮好的大黃瓜湯再度滾沸之際，喇叭正好傳來 Che'Nelle 的迷人嗓音。我打開冰箱，取出已經揉好的蝦仁花枝丸，才掀開盒蓋，已聞到好濃郁的芝麻油與白胡椒的香氣。

這可是粉漿不多、真材實料，幾乎全是蝦仁泥的手工丸子呢！我好輕好輕的將它們送入熱湯裡，深怕一個不小心就打散了它。守在鍋邊，望著湯裡遇熱立刻變得紅通通的小圓球翻滾跳舞，等到全數浮起，趕緊撈進碗裡。來自大海的鮮味最忌諱煮過頭，要是浪費掉一丁點甜，就可惜了。

兄妹倆各喝掉一碗湯，共分食一塊麵包，在上學前的珍貴時光，享受因食物而療癒的早上。

材料（4 人份）

鮮蝦花枝丸 … 數顆

大黃瓜 … 1 條

青蔥 … 1 小根

萬用昆布柴魚高湯…600ml
（作法詳見 P.28）

調味料

自製天然調味鹽 … 1 小匙

味醂 … 1 小匙

白胡椒粉 … 少許

作法

睡前你可以

1. 備好鮮蝦花枝丸（作法詳見 P.154）。

2. 大黃瓜切成大塊狀，放入昆布柴魚高湯煮 5 分鐘，湯鍋放涼後置於冰箱冷藏。

3. 青蔥切成蔥花，備用。

早晨繼續努力

4. 前晚煮好的湯置於爐上加熱、沸騰，放入鮮蝦花枝丸。

5. 待作法 4 丸子變色，浮起來就代表熟了。加入調味料，續煮 1 分鐘，起鍋前撒上少許蔥花、白胡椒粉即完成。

自製鮮蝦花枝丸

我私心以為，只有自家製的鮮蝦花枝丸，才能確保每一口都咬得到料好實在的蝦仁與花枝塊，有空時，不妨做起來放入冷凍保存。肚子餓的時候、嘴饞的時候、想寵愛家人的時候，隨時都能端出令人怦然心動的大海滋味。

材料

鮮蝦花枝漿

蝦與花枝 … 共 360g

鹽 … 5g

糖 … 2 小匙

太白粉 … 2 小匙

白胡椒粉 … 1/2 小匙

白芝麻油 … 1 大匙

另外準備鮮蝦與花枝 … 共 130g

作法

1. 取出「半冷凍狀態」的蝦與花枝，與鹽一起放入調理機打碎。半冷凍狀態攪打出來的漿，口感會比較 Q 彈。

2. 作法 **1** 加入糖、太白粉、白胡椒粉、白芝麻油，全部攪打成泥，取出備用。

3. 將分量外準備的鮮蝦與花枝切成丁狀，放入作法 **2** 花枝蝦漿內全數拌勻。

4. 作法 **3** 揉成丸子狀，整齊排放在大盤內，入冷凍可保存 2 個月。

1a
1b
1c
2
3
4

蝦頭味噌湯

秋分，一年之中畫夜等長的這一天，我們吃飯、吃蝦，還喝蝦頭熬煮的味噌湯。

一早起床煮湯，就屬味噌湯最快了。但明明三、五分鐘可以結束的事，我仍執意多花 10 分鐘處理蝦殼、蝦頭，打算為小兄妹遞上一碗有大海滋味的味噌湯。的確是麻煩一些啊，但世事那麼無常，有些人這樣相愛卻是咫尺天涯，此刻還能緊緊擁抱孩子，還有能力為他們做些什麼，額外花這 10 分鐘，我非常願意。

孩子挾起蝦頭，吸了一口。「嗯，好甜、好好吃喔！」我想，我確實看到他們眼底透出的小星光。

材料（2 人份）

中型蝦⋯10 尾

洋蔥絲⋯1/2 顆

青蔥⋯1 小根

油⋯1 大匙

昆布柴魚高湯⋯300ml
（清水亦可）

板豆腐⋯1/4 塊

［ 調味料 ］

味噌⋯1 大匙

味醂⋯1 大匙

作法

1. 切卜蝦頭備用，以食物剪剪開蝦背，去泥腸，取出蝦肉；青蔥切成蔥花，備用。

2. 湯鍋中加入 1 大匙油，蝦殼下鍋炒香，取出蝦殼不再使用。

3. 作法 **2** 原鍋放入蝦頭，炒至外殼略帶焦色，期間可稍微用鏟子壓一下蝦頭，讓汁液流至鍋中，接著取出蝦頭備用。

4. 作法 **3** 原鍋放入洋蔥絲炒香，倒入昆布柴魚高湯，磨入味噌，放入板豆腐，上蓋煮至沸騰。再以味醂調味，轉小火續煮 3 分鐘。

5. 將作法 **4** 放入蝦頭續煮 1 分鐘，撒入一大把蔥花，即完成。

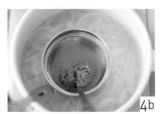

［ Eve 料理小筆記 ］

● 建議提早 10 分鐘起床處理蝦子，或是前一夜處理好後，蝦頭、蝦殼以冷凍保存，以確保鮮度。

● 蝦肉可燙熟做成壽司、飯捲，亦可放入湯中一起烹煮。

料理時間 20 分鐘

奶油燉菜

早晨，窗外仍是一片寂靜，我的廚房亮著燈，一鍋奶油燉菜正在爐上噗嚕、噗嚕地滾著。

天涼，就是要吃奶油燉菜呀！一大塊奶油丟下鍋，融化，用點心把洋蔥、紅蘿蔔、馬鈴薯炒香，整鍋湯要香、要好喝，這個步驟絕不能省。接著，熱水下鍋一起熬，煮至中段加入高麗菜與牛奶，起鍋前撒點自己磨的香料鹽與海鹽，好吃得不得了。我最喜歡把蔬菜切得大大的，邊咬邊吃很是過癮。

不要再用白湯塊了，蔬菜的甜味全淹沒在添加物裡，好可惜。孩子的身體與心靈是那麼純粹，遞給他們的食物，也該如此。

材料（2～3 人份）

洋蔥 … 1/2 顆

紅蘿蔔 … 2/3 根

中小型馬鈴薯 … 2 顆

高麗菜 … 1/4 顆

奶油 … 15g

熱水 … 200ml

牛奶 … 200ml

自製天然調味鹽 … 1 小匙（或海鹽 1/2 小匙）

作法

睡前你可以

1. 洋蔥、紅蘿蔔、馬鈴薯切滾刀塊，密封冷藏備用。

2. 高麗菜切下兩份 1/8 顆，保留完整狀態不剝開，密封冷藏備用。

早晨繼續努力

3. 奶油放入湯鍋加熱融化，將洋蔥炒軟炒香，紅蘿蔔與馬鈴薯接著依序下鍋炒香。

4. 作法 3 加入熱水，上蓋中小火煮 10 分鐘至紅蘿蔔軟化、無生味。

5. 作法 4 加入牛奶、兩份 1/8 高麗菜，轉小火慢煮 5 分鐘，過程避免過於沸騰。

6. 調味 1 小匙自製天然調味鹽（作法詳見 P.30），也可以 1/2 匙海鹽取代，即完成。

料理時間 25 分鐘

黃金蜆鮮魚蔬菜鍋

冷氣團還沒來，剛升起的朝陽一如往常的美好。

即使已經 12 月，早過了黃金蜆最肥美的產季，但台灣養殖業之進步，已發展出將吐好沙的黃金蜆，以急速冷凍的模式販售。於是，我們有幸在冬日仍能喝到湯白味濃的蜆湯，無論是天剛亮手腳冰冷的清晨，或是打拚一日後需要熱湯撫慰的夜裡。

在滿滿精華的蜆湯裡，放入魚板、白身魚片、當令蔬菜，配料豐儉由人。我在例行性的煮水、熬早晨的湯、為家裡的盆栽澆水中拉開序幕，願這是燦爛美好的一週，就像今天的天氣一樣。

材料

黃金硯 … 300g

蒜粒 … 15 顆

大白菜 … 適量

魚板 … 適量

日本大蔥 … 1 根

水 … 少許

白身魚片 … 300g

調味料

海鹽 … 適量

味醂 … 少許

作法

睡前你可以

1. 黃金蜆吐好沙，若是冷凍版本此步驟可省略，早晨直接下鍋。

2. 蒜粒去膜；大白菜洗淨切段；魚板切片；日本大蔥切段，密封放入冰箱冷藏。

早晨繼續努力

3. 黃金蜆和蒜粒一起入鍋，加入蓋過黃金蜆的清水，加蓋轉中火煮沸。

4. 蜆湯沸騰後，放入大白菜、白身魚、魚板、大蔥，以中小火續煮 10 分鐘。

5. 起鍋前，以適量的海鹽與味醂調味，即完成。

3

4

料理時間 25 分鐘

麻油魚湯沾麵線

十二月初的這一天，天色出乎意料亮得早，我朝窗外望一眼，啊，淺淺的藍天自漸散的雲層間透出，是難得的乾冷天氣哪！

起油鍋、煸香薑片，煮一鍋麻油金目鱸魚湯，醇厚的麻油香，溫柔撫慰孩子離開暖和被窩後，有些瑟縮的身體。起鍋前我投入幾塊板豆腐，稍微煨一下，冒著熱氣的一鍋湯，滿滿都是動物性與植物性蛋白質的精華。

因為還有點時間，我將麵線捲成一口一口，讓孩子沾麻油湯汁吃。飲食經驗裡，麻油料理搭麵線最好，碗裡最精華的麻油完整沾附在麵線上，每一口皆有滋味。

材料（2 人份）

金目鱸魚片 … 150g
（任何白身魚皆可）

薑片 … 7 片

鹽 … 少許

油 … 1 大匙

麻油 … 2 又 1/2 大匙

米酒 … 200ml + 熱水 100ml
（或熱水 300ml）

麵線 … 1 把

豆腐 … 半盒

枸杞 … 適量

作法

睡前你可以

1. 將鱸魚切片，以少許的鹽醃漬，靜置冷藏一晚。

2. 切好薑片，密封冷藏備用。

早晨繼續努力

3. 鍋中倒入 1 大匙油，煸香薑片至呈現金黃捲曲狀。

4. 作法 3 同鍋放入魚片，將魚煎至產生香氣。

5. 作法 4 倒入米酒燒滾，沸騰後加入熱水全部煮滾，使酒精揮發。（若是給孩子吃，請去掉米酒，改以 300ml 熱水下鍋。）

6. 同時間另起湯鍋，煮一鍋水，將麵線煮熟。

7. 作法 5 完成後，放入豆腐，轉小火，此時下麻油，小火續煮 2 分鐘，過程避免過度沸騰。起鍋前撒把枸杞，即完成。

 3
 4
 5

Eve 料理小筆記

麻油不耐高溫，請務必小心火候的控制。我習慣以玄米油或葡萄籽油煸香薑片，麻油則在最後步驟才全部放入。如此一來，高溫湯汁依然能逼出麻油香，更能攝取完整的好油營養素，不需擔心麻油因高溫而變質。

馬告白蘿蔔雞湯

被薄霧籠罩的週二早晨，有點涼意，有些浪漫。

我從夾鏈袋取出一把馬告，它是山胡椒、是山林裡的黑珍珠、也是原住民日常飲食裡的重要調味。拿它熬一鍋野味辛香混合溫柔的雞湯，我想，一定很好喝。

扭開爐火，放上昨夜煮好的蘿蔔雞骨湯，放入燙過的仿土雞腿肉，以及珍貴的馬告黑珍珠，靜靜等待它滾沸。

起鍋前，適當調味、撒把香菜，我迫不及待添一碗，原本醇厚的、熟悉的蘿蔔雞湯，整體滋味更高級了。那一刻，喝到薑的香、胡椒的辛以及些微檸檬香氣，而小兄妹也一樣被馬告征服，喝得一滴不剩。

材料

雞骨 … 半付

白蘿蔔 … 1 根

仿土雞腿 … 一大隻剁塊

馬告 … 2 小匙

水 … 1000ml

米酒 … 100ml

海鹽 … 適量

味醂 … 適量

香菜 … 少許

作法

> **睡前你可以**

1. 雞骨下冷水鍋（分量外），煮至沸騰雜質浮出後，以清水將雞骨沖洗乾淨。

2. 白蘿蔔去皮，切成大塊狀備用。

3. 雞骨重新入水煮滾後，放入白蘿蔔燉煮約 15 分鐘。

4. 取出作法 **3** 雞骨，其餘的蘿蔔與高湯冷藏靜置一夜。

5. 將仿土雞腿肉以沸水汆燙後，密封放入冰箱冷藏。

7

> **Eve 料理小筆記**
>
> 可稍微搗破馬告，香氣更明顯。新鮮香菜也可用 2 小匙「香菜籽」取代，馬告與香菜籽十分對味。

> **早晨繼續努力**

6. 前晚準備的白蘿蔔雞湯，放上爐火煮滾。

7. 滾沸後，放入汆燙過的仿土雞腿肉塊、馬告，以中小火燉煮 12 ～ 15 分鐘，倒入米酒，續煮 5 分鐘。

8. 作法 **7** 放入海鹽與味醂，調整成自家喜歡的鹹度，起鍋前切少許香菜撒上，即完成。

Part 5

今天，
想吃甜甜的早餐

偶一為之的甜，是必要的

那天，哥哥從校車下來，頭低低的，一句話也不說，和往常一見到我就吱吱喳喳報告學校的事，差好多。我知道，在學校一定發生了什麼事，攪亂他的心。

我問他：「怎麼啦？什麼事不開心？」他沉默3秒鐘、嘆了口氣，告訴我今天有位組員一直到放學時間都沒有抄聯絡簿，老師非常生氣，當下把擔任組長的哥哥換掉，說他沒有盡到監督的責任。「全班同學都在笑我，我覺得好無地自容。」最重視自我表現的哥哥，這件事對他來說簡直是晴天霹靂。

那天晚上，用過晚餐，哥哥一如往常進書房完成回家作業與複習，只是笑容不多，頭頂好像有朵烏雲罩著。等他睡了，我一個人站在廚房，心也跟著重重的，孩子難過，媽媽怎麼笑得出來？

思考一陣，我從冰箱取出雞蛋、牛奶與麵粉，拌好麵糊冷藏預備。明天的第一餐，決定給哥哥來份甜甜的法式薄餅，如果能把充滿蛋香的微笑送入他的口中，那麼是不是也能一起把烏雲揮去？

一直以來，我喜歡拿甜甜的早餐安慰孩子、嘉獎孩子，或是做為快樂星期五的慶祝餐，我深深相信，難得在一大早出現的甜，是媽媽對孩子一種愛的默許：那份默許或許無關蛋白質、維生素與脂質含量是否過關，只是單純希望他揮走壞情緒。出自媽媽廚房的果醬、鬆餅、薄餅、甚至是蛋糕，糖減掉一半，油也在容許範圍內，食材經過精心挑選，更謝絕延長效期的不明添加物。於是，我可以放心遞給剛起床的孩子，跟他說聲加油、向他傳達暖意。

「媽咪，這是妳之前做過的薄餅嗎？好香，雞蛋味道好濃。」一口氣吞掉一大塊，嘴角沾了些鮮奶油的哥哥抬起頭這麼對我說。他看起來好多了，眼睛亮亮的，還有熟悉的、像查理布朗般的溫暖微笑。果然，偶一為之的甜是必要的，裡頭有愛的魔法，可以帶著媽媽的祝福，繼續微笑向前行。

有草莓果粒的果醬吐司

草莓果醬隨處可得，進口超市逛一圈，法國、瑞士、英國、比利時、日本，世上任何一個想像得到的浪漫國度，出口的果醬都買得到。

但市售果醬幾乎找不著完整的果粒，全化成一匙匙甜膩，方便我們手捧麵包塗塗抹抹。但有時我就是不想那麼方便，願意小心翼翼挖取，想吃有完整草莓的完美果醬。

還好我們有勤奮的雙手，還好想吃的意念強大，還好廚房有鍋子、有砂糖、有檸檬，而且生於冬季草莓盛產的寶島台灣。想要任何質地的草莓果醬，期待每一口仍嚐得到果實酸香，只要挽起袖子走進廚房，就能實現願望。

材料

草莓 … 350g

砂糖 … 40g

檸檬汁 … 1/4 顆

作法

> 睡前完成草莓果醬製作

1. 洗淨草莓表面的泥沙,以極細流動水浸洗 20 分鐘。

2. 仔細將作法 **1** 草莓上的水拭乾、晾乾。

3. 取一小湯鍋倒入砂糖與作法 **2** 的草莓,靜置約 30 分鐘。

4. 作法 **3** 以小火熬煮,汁液冒泡後倒入檸檬汁,過程中請小心翻動,並撈除浮沫。

5. 作法 **4** 煮約 10 ~ 12 分鐘後,待草莓汁充滿鍋中,果粒仍完整可見時,即可關火。

6. 趁熱裝進消毒過的瓶子裡,待冷卻後再放入冰箱冷藏。隔日早晨,搭配吐司享用。

> Eve 料理小筆記
>
> 帶有果粒的草莓醬因水分不完全收乾,入冰箱冷藏可保存一週,一次不必做太多,記得趁新鮮品嚐!

春日裡的櫻花瑪芬

扭開鹽漬櫻花的瓶蓋，一陣典雅的花香撲鼻而來，好想拿它們入烘焙，在櫻花盛開的人間三月天。

來烤瑪芬好了。剛從烤箱拿出來、還熱騰騰的瑪芬好迷人，邊喊燙、邊吹氣再用手剝著吃，最過癮。手邊這份食譜是我極愛的，完成的成品皮脆內軟不乾柴，即使隔一夜再烤熱來吃，依舊鬆軟香甜滿口迷人櫻花香。

「媽咪，這是上星期到陽明山賞花妳從地上撿回來的嗎？有沒有洗乾淨？」望著他們一臉擔心的模樣，我忍不住笑出聲。每一天，每一個早晨與夜晚，我和孩子做著相同的事——我煮，他們吃；他們說，我笑著附和。

材料（可做 8 顆）

鹽漬櫻花 … 數朵

無鋁泡打粉 … 2 小匙

低筋麵粉 … 200 g

雞蛋 … 2 顆

奶油 … 100g

砂糖 … 75g

牛奶 … 100g

市售草莓果醬 … 2 大匙

作法

睡前完成瑪芬製作

1. 鹽漬櫻花浸泡於清水中約 20～30 分鐘。

2. 取一大碗，將無鋁泡打粉加入低筋麵粉混和均勻，以濾網過篩；雞蛋均勻打成蛋液，備用。

3. 奶油切成小塊狀，待常溫軟化，將砂糖分次加入奶油，快速攪打成乳霜狀。

4. 作法 2 蛋液分三次倒入作法 3，混合均勻。加入一半的作法 2 麵粉與一半的牛奶，以刮刀輕輕拌勻。

5. 再加入剩下的麵粉與牛奶，以切拌方式混合均勻。

6. 麵糊中加入草莓果醬，稍微拌一下即可，切勿過於攪拌。

7. 以紙巾將泡過水的櫻花輕輕壓乾；作法 6 麵糊倒入紙杯約八分滿，點綴 2～3 朵櫻花。

8. 烤箱預熱 180℃，烤約 20～25 分鐘即可。（時間依各家烤箱狀況調整。）

早晨繼續努力

9. 烤箱裡放一杯熱水，預熱 180℃，將瑪芬回烤 3～5 分鐘，繼續放置 3 分鐘後再取出，即可享用。

糖漬檸檬蛋黃醬吐司

梔子花開，蟬鳴大作，六月的夏日早晨多麼美妙。一大早起床，家中已灑滿溫柔清麗的陽光。

我步入廚房，邊喝溫開水邊敞開冰箱，幾天前收到來自屏東的無毒梅爾黃檸檬，開心現剖兩顆，做成連皮都安全好吃的糖漬檸檬。拿起玻璃瓶端詳，第五天的糖漬檸檬皮相仍美狀態完好，正是好看又好吃的時候，拿來做吐司吧！

今早陪我做早膳的是 Adam Levine 的 Lost Stars，還有兩勺有點偏酸，但我愛極了的檸檬蛋黃醬。醬兒在冷藏睡上一夜，今早凝結成剛剛好的稠度，挖一球朝吐司抹開，鋪些糖漬梅爾，只是咬一口，孩子們即被這酸甜醒腦的滋味給逗笑了。

材料

檸檬蛋黃醬 … 適量
（作法詳見 P.178）

糖漬檸檬 … 適量
（作法詳見 P.179）

吐司 … 數片

薄荷片 … 少許

作法

1. 挖出適量檸檬蛋黃醬，抹在吐司上。
2. 作法 1 鋪上糖漬梅爾檸檬片，以少許薄荷片作裝飾，即完成。

檸檬蛋黃醬

檸檬蛋黃醬冰箱冷藏可保存 2 至 3 週，酸酸甜甜的好風味，讓四周的黏熱空氣，
也變得可愛溫柔。

材料

梅爾檸檬 … 2 顆約 85g
（任何品種黃檸檬皆可）

雞蛋 … 2 顆

砂糖 … 85g

無鹽奶油切丁 … 100g

作法

1. 將檸檬榨出檸檬汁；雞蛋兩顆打散，加入檸檬汁拌勻。

2. 作法 1 加入砂糖，全部攪拌均勻。

3. 將作法 2 以隔水加熱方式，邊加熱邊攪拌，期間分次加入奶油丁，慢慢攪拌至奶油融化。

4. 作法 3 持續加熱攪拌，直到整體醬汁轉為濃稠。

5. 將作法 4 過篩，以橡皮刮刀輕壓，濾出細緻的檸檬蛋黃醬。

6. 作法 5 分裝至沸水煮過的玻璃瓶，靜置冷卻後，放入冰箱冷藏即完成。

糖漬檸檬

果汁透著淡雅花香的梅爾檸檬始於六月盛夏，皮薄汁多、渾圓可愛，是檸檬與柑橘愛的結晶，也是大地送我們的消暑贈禮。只需一點點料理時間，且完全不需技巧，五天後回報你的將是一整個玻璃罐、來自南台灣的熱情酸香。丟三兩顆冰塊，兌杯氣泡水，拿長湯匙攪一攪，那通體的暢快沁涼，真想現在就與你分享。

材料

梅爾檸檬 … 2 顆
（任何品種檸檬皆可）
糖 … 適量
密封玻璃瓶

作法

1. 玻璃瓶放入沸水中，煮 3 分鐘，倒扣放涼或以烘碗機烘乾。

2. 若買到有機梅爾檸檬，清水洗淨外皮後，以乾布拭乾。

3. 若是非有機黃檸檬，清洗過後浸入溫水，倒一大匙蘇打粉浸泡 10 分鐘，並以清水沖洗乾淨。

4. 取粗鹽搓洗作法 **3** 檸檬外皮，重覆兩、三次，最後以大量清水沖洗、拭乾即可。

5. 將黃檸檬切成 2～3mm 的薄片，以「一片檸檬、一小匙糖」的順序，鋪排在玻璃罐內。密封後置於冰箱冷藏保存，第五天起，即可享用。

5a

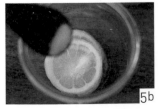
5b

5c

料理時間 15 分鐘
桂花紅豆包子

拌了桂花釀的紅豆包子五兄弟，擠在小小的蒸籠裡，他們是餐桌上飄著花香的小白雲，努力把陽光帶進小兒妹心裡。

哥哥好喜歡紅豆包子與紅豆麵包，不喜甜食的他，紅豆製品在他的世界裡算是很特別的存在。妹妹正好相反，生肖屬螞蟻的她，唯獨對紅豆有些畏懼。但衝著這些笑臉，還有她記得昨晚媽媽揉麵團的身影，貼心的她仍舊一口一口把包子吃掉。

我告訴她，紅豆對我們女生很好喔！吃了紅豆，臉蛋會白裡透紅，而且精神也會特別好。如果可以，試著愛上它吧！

材料（可做 6 顆）

中筋麵粉 … 200g

酵母粉 … 2g

糖 … 20g

溫牛奶 … 106g

橄欖油以外的植物油 … 7g

紅豆泥 … 200g
（作法詳見 P.36）

桂花釀 … 2 大匙

巧克力醬 … 少許

草莓果醬 … 少許

作法

睡前完成紅豆包子製作

1. 完成紅豆泥製作，趁熱拌入 2 大匙桂花釀。

2. 麵粉、酵母粉與糖和一和，加入植物油攪拌均勻。

3. 慢慢倒入溫牛奶，全體攪拌搓揉成三光狀態（手乾淨、攪拌盆乾淨、麵團光滑）。蓋上溼布靜置20分鐘，冬天則靜置40分鐘。

4. 將麵團取出滾圓，擀平後輕輕拍掉四周氣泡，再次滾圓，分切成 6 等份。

5. 每一等份滾圓，壓扁後包入紅豆泥，將麵團邊緣朝上束起，捏緊，蓋上溼布置於溫暖處發酵 40 分鐘。

6. 放入水波爐以強火蒸 15 分鐘；若使用電鍋，外鍋放入 1 又 1/2 杯水，待蒸氣冒出開始計時 12 分鐘，關掉電源。

7. 作法 6 冷卻後，密封保存。

早晨繼續努力

8. 取出前晚準備的紅豆包子，以水波爐或電鍋3～5 分鐘蒸熱。

9. 稍微放涼後以巧克力醬畫笑臉，草莓果醬點腮紅（作法詳見 P.24）。

Eve 料理小筆記

若以電鍋蒸包子，蒸熟後不要馬上開蓋，掀個小縫等 5 分鐘，讓溫度慢慢下降，包子比較不會變皺。

水果馬賽克拼貼吐司

在天空泛著紫橘色天光的早晨，我有兩個因勤奮補貨而豐收的水果籃，裡頭擺滿了酸甜多汁的冬季水果。彷彿催促著我，快找把刀，做幾盤好吃又好看的水果拼貼吐司。

切吐司的柳宗理麵包刀，是去年盛夏北海道旅行時，在小樽的某間道具屋找到的。那時，遍地熱熱鬧鬧開滿了花，從花之國度帶回的麵包刀，鋒利、順手，一次又一次幫助我完成各式馬賽克拼貼的圖樣。

不知疫情何時平息，也不知哪天才能再次拜訪冬日的北海道？追雪那日回歸之前，先讓我享受台灣難得的暖柔陽光。這是我喜歡的冬日模樣，它那麼努力來找我，我也要好好過生活來回報它。

材料

吐司 … 數片

各式水果 … 數顆

鋒利的麵包刀 … 一把

作法

睡前你可以

1. 將各式水果切成薄片,分別置於密封盒,放入冰箱冷藏。

早晨繼續努力

2. 不同種類的水果交錯鋪在吐司上,鋪排在四周的水果盡量超過吐司邊。

3. 一手持麵包刀,一手輕輕壓住水果吐司,小心由上往下切掉吐司邊。

4. 吐司表面的空隙,可以少許藍莓或薄荷葉作裝飾。

Eve 料理小筆記

● 要製作馬賽克拼貼吐司,只要有一把鋒利的麵包刀,就能大幅提高成功率。多樣性的水果可以創造比較繽紛的圖樣,但即使只有單一水果,最後的成品也別有風情。

● 偏熟或容易出水的水果,最好留到當天早晨切喔!

香蕉巧克力半月燒

這個上午，親愛的媽媽提著大包小包來找我，提袋裡有一大盒冷凍新竹肉丸，有數十顆外公果園種的柳丁、葡萄柚，還有非常漂亮的牛奶芭樂，而且一看就知道是最好吃的那種熟度。提袋外，擺著好大一串香蕉，數量多到可以開一個水果派對。

每當家裡堆滿食材時，我就想趕快煮點什麼，把他們通通吃掉。花了點時間弄一壺蜂蜜葡萄柚汁，緊接著又調一盆麵糊，決定為孩子們做一套香蕉半月燒，而且是有淡淡巧克力香的那種，做為隔日早餐。

長這麼大，仍被媽媽捧在手心寵著，幸福得不可思議。所以我也要用媽媽愛我、疼我的方式，陪伴兩個孩子長大。

材料（可做 10 份）

煎餅麵糊

蛋黃 … 2 顆

牛奶 … 45g

低筋麵粉 … 35g

無糖可可粉 … 1 小匙

無鋁泡打粉 … 1g

植物油 … 25g

蛋白 … 2 顆

砂糖 … 15g

鮮奶油

動物性鮮奶油 … 100g

砂糖 … 3g

其他材料

香蕉 … 1 根

作法

睡前你可以

1. 鮮奶油加入砂糖，打發後密封冷藏備用。

2. 將蛋黃打散，加入牛奶拌勻，分次加入植物油，全部攪拌均勻。

3. 低筋麵粉、無糖可可粉、無鋁泡打粉過篩，加入作法 **2**，輕輕拌勻至無顆粒狀。

4. 砂糖分次加入蛋白，將蛋白打發成蛋白霜。取部分的蛋白霜，加入作法 **3** 的麵糊內，輕輕拌勻。

5. 再將作法 **4** 的麵糊與剩下的蛋白霜，以切拌的方式，全數輕輕拌勻。

6. 將鑄鐵平底鍋加熱，抹上薄薄一層油（若是不沾鍋請省掉此步驟），倒入適量作法 **5** 麵糊，轉小火，蓋上鍋蓋加熱 2 分鐘。

7. 作法 **6** 翻面，續煎 1 分 40 秒，即完成煎餅。放涼後，密封放入冰箱冷藏。

9a   9b   9c

早晨繼續努力

8. 將香蕉切半，每一份再分切成 4 個長條狀。

9. 在煎餅上抹薄薄一層鮮奶油，擺上香蕉，將兩側往中間壓緊，即完成。

Eve 料理小筆記

這是一道冰涼涼比常溫更好吃的半月燒，建議前一天先完成煎餅製作，鮮奶油也請在前一天先打好，冷藏一夜美味不變！

法式薄餅

小時候，最期待過年濃濃的節慶氣息，我尤其喜歡紅豆年糕，還有年糕處理完之後，剩餘麵糊的餘興料理。

我的媽媽從不浪費食物，一定會將食材發揮得淋漓盡致。因此，炸年糕留下的麵糊，媽媽習慣倒進平底鍋煎成一張大圓餅，再撕成一塊塊，直接餵進我和姐姐嘴裡。我到現在仍然記得，嘴裡的煎餅好燙、好香，在我心中，她的魔法煎餅是全世界最好吃的東西了！

長大之後，我開始動手做餅，看了一下配方，法式薄餅與媽媽的圓煎餅好像，難怪兄妹倆那麼喜歡，也總是抱著我說：「媽咪，妳的薄餅是全世界最好吃的東西了！」

材料
（可做直徑 16cm 薄餅 10 張）

麵糊

奶油 … 20g

雞蛋 … 2 顆

砂糖 … 15g

牛奶 … 200g

鹽 … 2g

低筋麵粉 … 100g

鮮奶油

動物性鮮奶油 … 100g
（選擇乳脂含量高於 30%，
有利於打發）

砂糖 … 3g

作法

睡前你可以

1. 奶油隔水加熱融化；將蛋打散後，慢慢加入奶油攪拌均勻。

2. 作法 **1** 加入糖，牛奶分次入鍋慢慢拌勻。接著加入鹽、麵粉過篩，全部輕輕拌勻，冷藏備用。（若拌麵糊的過程中，不小心麵粉結塊，不要放棄，放入冷藏一夜後，隔天早上再拌開通常能救回來。）

3. 鮮奶油加入砂糖，打發後放入擠花袋，放入冰箱冷藏備用。

早晨繼續努力

4. 平底鑄鐵鍋加熱（若是不沾鍋請省略此步驟），鍋底均勻抹上一層食用油，倒入薄薄一層麵糊，小火加熱約 1 分 15 秒至 30 秒。

5. 待作法 **4** 麵皮顏色轉黃，底部烙上美麗的紋路後，翻面再煎 5 秒，即可起鍋，搭配鮮奶油和新鮮水果一起享用。

3

4

5

Eve 料理小筆記

因為是薄餅，所以麵糊不需倒太多，這個配方有彈性不易煎破，別擔心。鮮奶油可以前一天先打好，冷藏至隔天上午美味不減喔！

酸甜藍莓柳橙瑪芬

這是月考後限定，書包好輕、好輕的週五早晨。

有新鮮現榨的柳橙柑橘汁，有妹妹一起幫忙、戴著貝蕾帽的藍莓瑪芬，還有一天一杯的小農鮮奶。至於水果，這天不必額外準備，因為早已烤進瑪芬裡了。

也許是麵糊冷藏發酵了 12 小時，也或許是手打奶油與糖的過程，我非常努力拿時間換取一小鍋白白稠稠的雲朵，這批甜橙瑪芬鬆軟香甜、內裡溼潤，真是好吃。

拿它當成孩子們月考結束後的小小獎賞，也做為媽媽陪讀後輕鬆一下的午茶點心，再適合不過了！

材料（可做 10 個）

低筋麵粉 … 200g

雞蛋 … 2 顆

無鹽奶油 … 100g

砂糖 … 60g

牛奶 … 90g

無鋁泡打粉 … 6g

切片柳橙 … 10 片

藍莓 … 1 小盒

作法（麵糊冷藏一夜版本）

▶ 睡前你可以

1. 低筋麵粉以濾網過篩；雞蛋打成蛋液，備用。

2. 奶油切成小塊，待常溫軟化。軟化的奶油分次加入砂糖，耐心攪打成乳霜狀。

3. 分三次將蛋液倒入作法 **2**，混合均勻。

4. 作法 **3** 加入一半作法 **1** 麵粉與一半的牛奶，以刮刀輕輕拌勻。

5. 再加入剩下的麵粉與牛奶，以切拌的方式混合均勻。

6. 以保鮮膜包覆作法 **5** 的攪拌盆，放入冰箱冷藏一夜。

▶ 早晨繼續努力

7. 烤箱預熱 180℃，預熱期間準備麵糊。

8. 取出麵糊，以刮刀再次輕柔攪拌至柔滑狀，放入無鋁泡打粉拌勻，再加入藍莓輕輕拌勻，倒入紙杯約八、九分滿。

9. 送入 180℃烤箱，烤至 10 分鐘時先取出鋪上柳橙片。

10. 繼續以 180℃完成剩下的 10 ～ 15 分鐘烤程即可。（時間依各家烤箱狀況調整。）

2

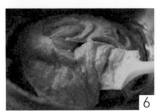
6

9

10

料理時間 30 分鐘

水果吐司捲

雨日前這個寧靜的早晨,我們吃水果吐司捲。

我們家妹妹最愛水果了,只要端出水果盤,一定能見到她守在盤子旁,捧著水果,咬呀咬、嚼呀嚼的身影。即使吃得沉醉,妹妹從不會忘記拿一塊送進我嘴裡。她最愛媽媽了,喜歡的食物一定要和最愛的媽媽分享。

生命裡有個女孩兒陪伴,好幸福,她給我的愛那麼純粹完整,有時不知回饋她的愛夠不夠代表我全部的心。至少在朝陽升起的每一個早晨、在一天將盡的日落時分,我可以做些舒適食、她愛吃的東西,牢牢記住每一回,女兒嚐了料理那可愛、真摯的笑顏。

材料（可做 10 份）

手掌大小的水果 … 數份

吐司 … 1～2 袋

鮮奶油

動物性鮮奶油 … 100g

砂糖 … 3g

作法

睡前你可以

1. 鮮奶油加入砂糖打發，備用。

2. 將水果的皮剝好、削好備用。

3. 吐司去邊，取 2 片邊緣相疊成長方形，以擀麵棍將吐司稍微擀扁，抹上鮮奶油。

4. 作法 3 放上水果，整個捲起來，以烘焙紙緊緊包覆起來，固定黏好，放入冰箱冷藏。

早晨繼續努力

5. 取出水果捲，常溫退冰 15 分鐘。

6. 拆下烘焙紙，切掉兩邊多餘的吐司，從中央切半，完成。

烤盅裡的水果蛋糕

這個早晨，鬧鐘比平常早15分鐘響起，今早我為自己設定一個目標，一個必須在短時間內完成的小挑戰。畢竟進出廚房也超過十年，我告訴自己，這項目標非成功不可。

從冰箱取出昨日才買的雞蛋，輕輕拌一盆蛋黃糊，期間預熱烤箱，接著打發蛋白霜。不知道是不是雞蛋很新鮮的關係，三、兩分鐘就打出一盆白白胖胖的蛋白雲。我靜下心完成所有步驟，直至鋪上水果、送進烤箱、才替自己沖今日的第一壺咖啡。

水果烘烤後風味醇厚，酸度甜度皆倍數增長，是春天的滋味哪，趁著草莓季與柳橙季末，且讓我們珍惜、好好享受。

材料（可做 10 份）

蛋黃麵糊

蛋黃 … 3 個
砂糖 … 10g
牛奶 … 30g
植物油 … 24g
低筋麵粉 … 54g

蛋白霜

蛋白 … 3 個
砂糖 … 25g
檸檬汁 … 5g

其他材料

喜歡的水果 … 切片

作法

蛋黃糊

1. 低筋麵粉以濾網過篩。

2. 砂糖放入蛋黃，以打蛋器攪拌均勻。

3. 將作法 1 過篩的低粉與牛奶分兩次加入作法 2 的蛋液，全體拌至均勻無粉粒。

蛋白霜

4. 電動攪拌器將蛋白先打出一些氣泡，加入少許砂糖與檸檬汁。

5. 砂糖分三次加入，打成乾性發泡，也就是尾端呈尖挺狀。

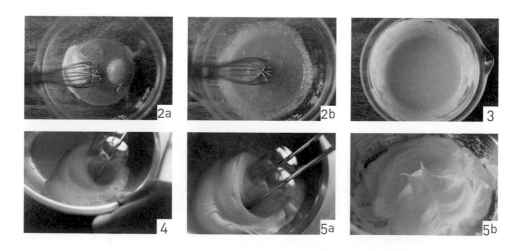

麵糊

1. 烤箱預熱 170℃，預熱期間準備麵糊。

2. 舀三分之一蛋白霜混入蛋黃糊中，持橡皮刮刀以切拌方式拌勻。

3. 將拌勻的麵糊倒入剩下的蛋白霜混合均勻。

4. 將作法 **3** 一一倒入小烤盅約八、九分滿，底部輕扣桌面敲出大氣泡。

5. 進 170℃烤箱烤 7 分鐘，取出擺上切片水果。

6. 以 170℃續烤 15 分鐘左右，期間若已充分上色可蓋上錫箔紙，完成烤程。

Eve 料理小筆記

這款蛋糕可以前一天先做好，冷藏後隔天取出直接當早餐，搭配熱熱的牛奶或無糖鍋煮奶茶，很適合做為週五的「迎接週末歡樂餐」。

Part 6

週末，來點特別的

慢慢煮，慢慢吃

陽光偷偷鑽過窗簾縫隙，爬上柔軟的大床，我緩慢睜開眼，不像往常趕著下床直接進廚房忙，而是轉過身把被子拉得更緊，望著窗邊的光亮靜靜發呆，什麼也不想。不知躺了多久，耳邊開始傳來孩子奔跑的嬉笑，還有冰箱被打開又關上的聲音，看來哥哥妹妹已經起床，而且肚子餓、想找東西吃了。一週之中，最令人期待的週末終於來了。

週末的早餐值得豐盛一些，平時沒空烹煮卻一直想吃的東西，全都歡迎端上桌。像是跨年的連續假期，我扭開爐火煮一朵雞蛋雲，與雲底下的肉臊一塊兒澆淋在熱飯上，給家人當早午餐吃。孩子們好驚喜，哇哇哇的驚呼不停，他們說雲朵蛋好輕好輕，一入口就化開了，真神奇。

飯後我們還一起喝了苗栗銅鑼產的杭菊蜂蜜茶，吃掉一大盤雲林斗六果園直送的柳丁，嘉義隙頂的柿子明明季末了還是那麼香甜好吃，最後一人再啃一支來自花蓮鹿野的水果冰棒，滿足得不能自己。

沒有安排行程的週末假期，我們喜歡這樣盛宴款待自己，以最柔情的方式，向努力打拚五天的家人說聲辛苦了。所謂的盛宴不是指食材多稀有、多昂貴，而是取用當令的蔬果、屬於這個季節的物產，在料理上稍做變化，給特別的週末一份特別的味覺經驗。於是，我們在小卷盛產的時候，一起動手包小卷鍋貼；在南瓜好便宜的季節，蒸一籠南瓜糕應景；褪下厚重外衣春暖花開時，我們拿油菜花入煎餅，四季豐饒的物產經由料理的雙手，撫慰工作一週疲累的心。

平日忙到沒空準備早餐？沒關係，至少還有週末、有連續假期，反正時間很多，一點也不趕。我們可以慢慢做，一步一步來，用點心佈置餐桌，再邀請最愛的人坐下。人生悠悠，飲食給予我們力量，為生存帶來樂趣，就在我們打一顆蛋、煎一條魚、攪拌一盆麵糊的當下，油水碰撞的迷人聲響，掀開鍋蓋隨煙蒸散的香氣，已在不經意間，撩撥一家子的食慾。

油封雞腿開放吐司

這是個需要薄外套與熱茶的早晨,即使窗外雨未歇,但秋涼如水,仍舊舒適得令人感到愉悅。

手邊有一盒油封雞腿,那是上週六趁家人補班補課的空檔,以 110℃ 低溫慢烤兩小時的心血結晶。冷藏一天,要吃時取出再回烤,撕成長條後與爽脆的小黃瓜鋪排在吐司上,是我私心認為最美味的吃法。

一直很喜歡以時間換取美味的料理。我總是深信日子靜轉,不只把青春帶走,就飲食來說,經由時間踏踏實實以慢火或低溫所琢磨出的精髓,那滋味之綿長,足以讓我記得一輩子,且促使我一次又一次走進廚房,溫習思念的美味。

材料

帶骨雞腿 … 2 隻（約 600g）

鹽 … 9g（帶骨雞腿重量的 1.5%）

百里香 … 2 根

月桂葉 … 4 片

花椒粒 … 2g

橄欖油 … 適量
（足以浸泡雞肉的量）

其他材料

吐司 … 數片

小黃瓜絲 … 1 條

辣椒絲 … 少許

Eve 料理小筆記

● 這道料理可以做為居家常備菜，事先烤起來，只要蓋上蓋子，油封雞腿可以冷藏保存兩星期之久。

● 油封剩下的油千萬別丟掉，倒入小瓶子冷藏保存，拿來炒菜炒肉，好香、好香。

作法

睡前你可以

1. 雞腿肉均勻抹上海鹽，鹽要全部抹完，以密封袋封起來，放入冰箱冷藏一夜。

早晨繼續努力

2. 將醃製好的雞腿從冷藏取出，以紙巾將水分拭乾。

3. 作法 2 雞腿與百里香、月桂葉（對折一半引出香氣）、花椒粒，一起放入琺瑯盒中，倒入橄欖油，至雞腿能完整浸泡的高度。

4. 烤箱預熱 110℃，放入作法 3 慢烤 2 小時即可；若沒時間等待，也可事先烤好當成常備菜，要吃的時候，烤箱以 180℃烤 10 分鐘，或直接下鍋煎酥。

5. 將作法 4 雞腿肉撕成條狀；小黃瓜刨成絲，備用。

6. 將吐司放入烤箱烤至呈金黃色，或以平底鍋乾煎至兩面上色。再依序放上小黃瓜絲、雞肉絲，並隨喜好撒上辣椒絲增色，即完成。

3a

3b

4

土鍋燜雲朵蛋

這是立冬過後難得的天晴，我按掉手機鬧鐘，和陽光一起醒來。

冰箱裡，生鮮小抽屜擺滿昨天才添購的新鮮雞蛋，好安心。我喜歡煮各式蛋料理給孩子們吃，總覺得孩子的小腦袋瓜、全身每一寸筋骨肌肉，皆因雞蛋的滋養，越來越健壯。拿出電動攪拌器，那是今晨最重要的魔法棒，當打發的雞蛋遇上土鍋裡滾沸的熱湯，就能幫助我創造餐桌專屬的雲朵，成功收集兄妹倆小太陽式的笑容。

一碗熱飯，一勺天上摘下來、飄著肉與蛋香的雲朵湯，點亮睡眼惺忪的孩子的味蕾，也讓平凡無奇的早晨，有了魔法般的開場。

材料（3 人份）

雲朵蛋

萬用昆布柴魚高湯 … 120ml
（作法詳見 P.28，清水亦可）

雞蛋 … 2 顆

白醬油 … 1 小匙

肉臊

油 … 1 大匙

豬絞肉 … 100g

醬油 … 1 小匙

屏大醬油膏 … 2 小匙

清酒 … 1 大匙

味醂 … 2 小匙

砂糖 … 5g

薑泥 … 少許

作法

睡前你可以

1. 平底鍋中倒入油，放入豬絞肉炒至變色，加入肉臊的其他調味料，以中火拌炒至入味，最後倒入薑泥拌勻，冷藏備用。

2. 備好萬用昆布柴魚高湯。

  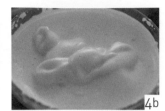

3. 將前晚準備的肉臊放入土鍋中，接著將蛋以外的所有調味與高湯一起下鍋，煮滾。

4. 雞蛋放入攪拌盆，以電動打蛋器打至發泡，盆中紋路維持 8 秒不消失，即可。

5. 確認作法 **3** 土鍋裡的湯汁仍是沸騰，將打發的作法 **4** 蛋液倒入，總量不超過鍋子八分滿，立即熄火，蓋上鍋蓋燜蒸 1.5 ～ 2 分鐘左右，即完成。

Eve 料理小筆記

● 雲朵蛋煮得太熟，蛋會變硬，一定要掌握好時間，利用土鍋易聚熱又會呼吸的特性，成功率極高。家裡有土鍋的朋友不妨試試，拿柔嫩的雲朵蛋來拌飯非常美味。

● 不同品牌土鍋燜燒效果不同，若燜完發現中心蛋液仍未熟，蓋上鍋蓋，開火加熱數十秒至蛋液熟了即可。

老麵厚鍋餅夾京醬肉絲

孩子的爸喜歡吃麵食，喜歡麥子的香氣，所以我在冰箱培養一盒老麵，想為他做好吃的餅，讓他開心。

特地把餅做得厚一些，如此一來，他就能剝開麵皮，用菜和肉把小口袋塞得鼓鼓的，然後大口咬下。正因為昨天買到剛摘下還帶著刺的新鮮小黃瓜，所以我一口氣刨三根，再快炒一份京醬肉絲，搭著鐵盤裡的厚鍋餅上桌，在天晴的週日上午，一家人圍坐餐桌，享受餅的香甜。

我望著先生三口就解決一塊餅的模樣，忍不住笑了。從第一天認識他，他就是這樣享受著眼前每一頓料理，有機會能為這樣的他、還有像爸爸一樣的孩子烹煮食物，是我的幸福。

材料（可做 7 塊餅）

京醬肉絲
豬肉絲 … 300g
蒜末 … 2 瓣
小黃瓜絲 … 1 條

肉絲調味料
甜麵醬 … 2 大匙
味噌 … 1/4 大匙
番茄醬 … 1 大匙
米酒 … 1 大匙
二砂糖 … 1 小匙

肉絲醃料
水 … 2 大匙
蛋白 … 1 大匙
米酒 … 1 大匙
醬油 … 1 大匙
太白粉 … 2 小匙
橄欖油以外的植物油 … 少許

厚鍋餅
老麵 … 150g
（作法詳見 P.34）
中筋麵粉 … 200g
水 … 110g
酵母粉 … 1.5g
砂糖 … 20g
植物油 … 10g

作法

▰ 睡前你可以 ◤

完成厚鍋餅製作

1. 將包含老麵的所有材料揉勻，至三光（手乾淨、攪拌盆乾淨、麵團光滑）即可，並在溫暖處發酵 1 小時。

2. 將麵團分 6 至 7 等份，滾圓，蓋上溼布醒麵 15 分鐘。

3. 作法 2 的麵團一一擀成橢圓形，保留一點厚度不需太薄，再醒麵 10 分鐘。

4. 將平底鍋加熱，不需加油，作法 3 麵團放入乾煎 6 分鐘左右翻面，至雙面烙上金黃色即可。

京醬肉絲前置作業

5. 肉絲與醃料混勻，入冷藏醃一晚。

6. 調味料以小碗盛裝備好；小黃瓜刨成絲，備用。

7. 鍋中倒入 1 大匙油（分量外），將醃好的肉絲
下鍋炒熟。

8. 作法 7 加入蒜末繼續炒香，倒入京醬肉絲調
味料，炒至醬汁濃稠、豬肉絲完美裹上醬色。

9. 鐵鍋加熱烙餅，對半切塞入京醬肉絲與小黃
瓜絲，即完成。

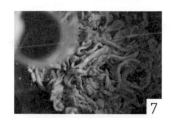
7

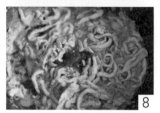
8

焗烤奶油白醬蝦

今晨，我慢慢地起床，慢慢地煮早餐，慢慢地沖今天的第一壺咖啡，接著播放孩子們喜歡的 Taylor Swift，全家人一起好好的享用早餐。難得沒有安排活動的週末早晨，就該這麼過。任何待辦事項先擺一旁，把週末晨光過好，是我們目前唯一的選項。

質樸的一人烤盅裡，有濃濃的起司，也有清爽的蝦與洋蔥，挖一大匙朝麵包中心抹開，那一刻，我覺得自己好像做太少了，應該烤一大鍋，過癮的吃才是。

是悠閒的週末啊！腳步能緩一緩真好！慢慢吃，別急，把共餐的時光延長，平時來不及分享的事，趁這時好好的講。

材料（4 人份）

蝦 … 20 尾

洋蔥 … 1 顆

奶油 … 35g

低筋麵粉 … 3 又 1/2 大匙

牛奶 … 480ml

玉米粒 … 1 根量

披薩用起司 … 適量

鹽 … 適量

作法

1. 將蝦洗淨，去除腸泥；洋蔥去皮，切成薄片，備用。

2. 平底鍋加熱，放入奶油融化，拌炒蝦至稍微變色，盛起備用。

3. 作法 2 原鍋拌炒洋蔥，炒軟後加入過篩的低筋麵粉，轉小火炒 2 分鐘左右。

4. 分多次加入牛奶，慢慢拌炒，直到牛奶全數加完，並以中小火煮到白醬微滾的狀態。

5. 作法 4 放入玉米粒以及作法 2 的蝦，加入鹽作調味。

6. 將作法 5 倒入烤皿中，鋪上起司片或起司絲，以 190℃烤 10 ～ 15 分鐘，至起司融化、表面呈金黃色即完成。

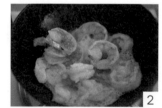

火腿起司層餅

一定是週五熬夜看「深夜食堂 東京故事」的關係，我才會在週六出遊返家途中，硬要全家人在路邊停車等我，然後飛奔至超市抓三包圓火腿和麵包粉，一心想重現劇中昭和時代的國民美食。

一片火腿、一片莫札瑞拉起司，拍上薄薄的麵粉，裹層蛋液與麵包粉，在輕鬆寫意的週日上午，放上漂亮的鐵板油煎至酥香金黃。不論是配飯、配熱湯都美味。

氣象預測接下來將迎來綿綿春雨，天氣也會稍微涼一些。這樣多好，趁盛夏來臨之前，我還想多感受一點春日氣息，多變卻不陰鬱，溫柔且深情。

材料（可做 5 片）

里肌圓火腿片 … 10 片

莫札瑞拉起司 … 5 片

麵粉 … 適量

雞蛋 … 1 顆

麵包粉 … 適量

油 … 1 大匙

作法

1. 依序將圓火腿片→莫札瑞拉起司→火腿，疊放在一起。

2. 將蛋液攪拌均勻，作法 **1** 以麵粉→蛋液→麵包粉的順序鋪上，並用手按壓緊實。

3. 將平底鍋加熱，倒入油煙點高的食用油，待油熱之後，放入作法 **2** 層餅煎至兩面呈金黃色即可。

◖ Eve 料理小筆記 ◗

火腿本身鹹味足夠，單吃會覺得口味較重，建議搭配熱飯或夾入吐司做成三明治。
這是咬了一口後，絕對會想全部吃完的庶民美食。

文蛤油菜花煎餅

每年稻田秋收後，直到隔年春耕的這段空檔，田地可不寂寞。農友們只要朝休耕地撒下種子，不需農藥或肥料，一、兩個月後，就能成就一大片黃澄澄的油菜花田。

油菜花可以吃、可以觀賞、更可以增加土壤養分的有機綠肥。每年約莫十二月到一月下旬，一定能見到我上市場急急尋覓小黃花的身影，才兩個月的時間能嚐花，當然要揀選最耀眼的黃，趁鮮吃了它。

週末，冰箱裡正好有昨日從市場帶回新鮮嫩綠的帶花油菜。趕緊燙些文蛤、和點麵粉，將油菜花煎成煎餅，大海與田地一拍即合，一家貪吃的嘴，被春天的滋味給餵養得服服貼貼。

材料（2 ～ 3 人份）

文蛤 … 600g
水 … 50g
米酒 … 10g
油菜花 … 1 大把
油 … 1 大匙

煎餅麵糊

中筋麵粉 … 200g
雞蛋 … 1 顆
海鹽 … 2g
胡椒粉 … 少許
植物油 … 20g

作法

1. 取一湯鍋將水煮滾，放入文蛤和米酒，煮至文蛤全開，立即取出文蛤肉，鍋裡的湯汁留下。

2. 將油菜花洗淨，切成段狀，備用。

3. 攪拌盆中放入中筋麵粉、雞蛋、海鹽、胡椒粉與植物油，全部拌勻。

4. 煮文蛤的湯汁分次倒入作法 3 裡，慢慢攪拌，至麵糊呈現容易拌動的狀態，即可停止加湯汁。

5. 文蛤肉和油菜花段放入作法 4 麵糊裡，攪拌均勻。

6. 將 16cm 平底鍋燒熱，加入 1 大匙油，倒入作法 4 麵糊直至布滿整個鍋面，兩面煎至呈金黃色即可起鍋。

Eve 料理小筆記

沒有小平底鍋也無妨，只要在鍋子中央倒個圓狀麵糊，要煎多大多小的餅都可以。
品嚐時準備煎餃醬油，或是加點手工柑橘醋，美味極了！

週末的南瓜蒸糕

「這味道好像馬來糕喔！」我那很懂吃的兒子，朝剛出爐的蒸糕咬下去瞬間，抬起頭這麼對我說。

下一秒換我微笑，他的舌頭真的很靈敏，天生俱有分辨食物的本領。是的，這份食譜其實和馬來糕很像，且出爐後同樣有可愛的垂直氣孔，但我揉進了南瓜泥，配方也稍做更動，但兩者本質是相同的，蒸熟後全都柔軟彈牙，且帶著濃濃奶蛋香。

下著雨的早晨，就慵懶舒適地過吧！點亮餐廳的燈，煮一壺麥茶，洗一簍草莓，四人共食一塊糕，剛剛好的分量、剛剛好的飽足。又來到最可愛的週末，吃完早餐，我們上哪兒走走好呢？

材料

南瓜 … 80g

雞蛋 … 3 顆

砂糖 … 35g

低筋麵粉 … 125g

無鋁泡打粉 … 8g

牛奶 … 65g

氣味不強烈的
植物油 … 30g

作法

1. 南瓜蒸熟，取下 80g 的果肉，以打蛋器拌成泥狀。

2. 取一攪拌盆，雞蛋加入砂糖打散。

3. 低筋麵粉與泡打粉過篩，倒入作法 **2** 攪拌均勻。

4. 作法 **3** 加入南瓜泥，倒入牛奶與植物油，全部攪拌均勻。

5. 作法 **4** 麵糊靜置 30 分鐘，如果是夏天，請放入冰箱靜置。

6. 將麵糊倒入蛋糕模具，或分數個小烤盅亦可。

7. 作法 **6** 移至蒸籠，以中小火蒸 30 分鐘，脫模後，請趁熱享用。

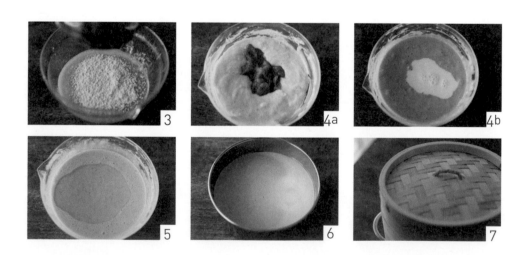

稻荷炒麵壽司

當孩子小的時候，有一陣子我時常做炒麵麵包給他們吃，那種攝取全碳水化合物的快樂，就是「過癮」兩個字而已。

但孩子漸漸長大，來到學齡成長突增期，我開始減少給予單一營養成分的料理，就是希望他們吃得營養均衡，健康長大。但，有時就是想念麵多於配料的日式炒麵，搭著麵包、佐著白飯，像個日本男子般吃個痛快。

這個週末，全家相約爬軍艦岩，在那之前，先來份稻荷炒麵壽司。一來炒麵與豆皮一起入口，二來吃完就能爬山運動去，一點也不覺得罪惡，是吧？

材料（2 人份）

油麵 … 1 包

油 … 1 大匙

梅花肉絲 … 30g

高麗菜 … 50g

洋蔥絲 … 20g

紅蘿蔔絲 … 20g

甜豆皮 … 6 片

調味料

清酒 … 3 大匙

豬排醬 … 1 又 1/2 大匙

美乃滋 … 少許

海苔粉 … 適量

作法

1. 平底鍋熱鍋後，倒入 1 大匙油，放入油麵煎至金黃，撈起備用。

2. 原鍋加入梅花肉絲炒至變色，再加入高麗菜、洋蔥絲與紅蘿蔔絲。

3. 菜與肉全部炒熟之後，把作法 **1** 的麵條放回鍋中，倒入清酒與豬排醬，全部拌炒均勻。

4. 煮一鍋沸水，放入豆皮汆燙 3 秒鐘去除生味，撈起豆皮以紙巾拭乾多餘水分。

5. 將麵條填入作法 **4** 豆皮中，依個人喜好擠上美乃滋（可省略）、撒上海苔粉即可。

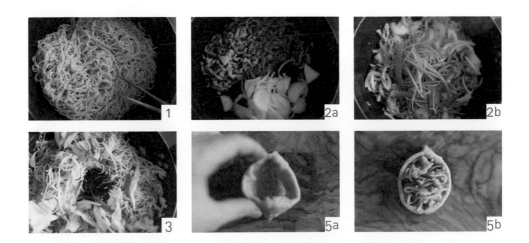

料理時間 30 分鐘

蛤蜊花枝燒賣

哥哥是個愛吃燒賣的孩子，我到現在仍然記得，某次答應帶他吃燒賣，結果一進店裡卻得到已售完的訊息，一整晚哥哥都是皺著小眉頭，悶悶不樂的表情。吃不到想吃的東西，的確很令人沮喪啊！

燒賣是利用燙麵法製成薄餃子皮，包入餡料後頂部不封口，蒸熟後拿來配茶的一種麵食小點。它彷彿沒有特定樣貌，包入什麼餡料就喊什麼名稱，好自由的靈魂。

在這麼多樣貌中，我們家孩子最喜歡蛤蜊燒賣，而且非得是媽媽親手做的，因為媽媽的蛤蜊燒賣沒有豬肉，只有肥美的蛤蜊與鮮蝦花枝，海味扎扎實實，嚼起來非常過癮。

材料（可做 18 顆）

黑金文蛤 … 400g

鮮蝦花枝漿 … 300g
（作法詳見 P.154）

青蔥 … 1 小根

2

4

作法

1. 取一湯鍋將水煮滾，放入黑金文蛤，煮至一開口，立刻取出；青蔥切成末狀，備用。

2. 取下文蛤肉，放入鮮蝦花枝漿裡，最後撒入蔥末，全部混和均勻。

3. 將作法 2 文蛤花枝漿，填入原先的文蛤殼裡。

4. 將作法 3 整齊放入琺瑯盒或耐熱玻璃盒，彼此緊靠著讓形狀固定。

5. 電鍋外鍋倒入半杯水，作法 4 蒸熟後，續燜 1 至 2 分鐘即可。

海味小卷鍋貼

這是個小滿過後，天氣越來越舒適的初春早晨，趁著小卷值產季，我們家順理成章的早也吃、晚也嚐：清燙、油漬、醬燒、煮湯，無一不歡。到了週末，擁有大把時間，於是，一塊兒挽袖製作小卷鍋貼當成早午餐，是我家迎接春天的方式。

捕撈上船立刻急凍、品質上乘的小卷不怕煮，請放心在鍋裡將水餃皮煎得香香又恰恰，只要小火慢煎耐心等麵粉水收乾，迎接你的將是一整個餐桌的潮汐，鮮美汁甘、滿是春日氣息。

材料（可做 16 個）

新鮮小卷 … 16 尾
水餃皮 … 16 張

　其他材料　

豬絞肉 … 200g
鹽 … 1/2 小匙
白胡椒 … 適量
白芝麻油 … 2 小匙
青蔥 … 1 小根

作法

1. 將小卷以外的其他材料，全部混合均勻，攪打出黏性備用。

1

2. 水餃皮攤平，抹上作法 **1** 的水餃內餡，接著鋪上一隻生小卷。

3. 水餃皮邊抹一點水，從兩邊拉起，包覆收緊，備用。

4. 平底鐵鍋加熱，在快要冒煙時熄火。鍋底抹一層油，將餃子一一下鍋排好，先以小火熱煎 2 分鐘左右，輕輕翻動觀察一下底部，是否呈現金黃色。

5. 將水加入作法 **4** 鍋中，高度約為餃子的三分之一高度，蓋上鍋蓋，轉中小火開始蒸煎。

6. 待作法 **5** 水分收乾後，打開鍋蓋，從鍋緣淋上一圈食用油，轉極小火油煎。不蓋鍋蓋，待 3 分鐘左右，即可盛盤起鍋。

Eve 料理小筆記

鐵鍋中切記一次不要放入過多餃子，請留下讓餃子「長大」的空間，並且先熱鍋再下油與餃子。不沾鍋則不需熱鍋，直接冷鍋、冷油下生餃子即可。

emono 選品

日本食器・暮らしの雑貨

和我們一起享受料理擺盤的樂趣吧!

樂天　　蝦皮

IG: emono_senhin

LK-MART

將【食】融入每一個生活細節裡

實用性還有材質都是我們選品的考量

精緻餐廚用具，替你增添【食】的風味

GET MORE !

LK-MART官網

掃碼加入會員送$100購物金！

 lifekitchenmart   lifekitchenmart

朝。食光

款待家人的早餐提案，
手作麵包 × 暖胃湯品 × 舒食米飯，60 道美好料理

作　　者 ｜ 梁郁芬 Eve
發 行 人 ｜ 林隆奮 Frank Lin
社　　長 ｜ 蘇國林 Green Su

出版團隊

總 編 輯 ｜ 葉怡慧 Carol Yeh
主　　編 ｜ 鄭世佳 Josephine Cheng
企劃編輯 ｜ 楊玲宜 Erin Yang
責任行銷 ｜ 鄧雅云 Elsa Deng
封面裝幀 ｜ 謝佳穎 Rain Xie
內頁設計 ｜ 黃靖芳 Jing Huang

行銷統籌

業務處長 ｜ 吳宗庭 Tim Wu
業務主任 ｜ 蘇倍生 Benson Su
業務專員 ｜ 鍾依娟 Irina Chung
業務秘書 ｜ 陳曉琪 Angel Chen
　　　　　 莊皓雯 Gia Chuang
行銷主任 ｜ 朱韻淑 Vina Ju

發行公司 ｜ 精誠資訊股份有限公司 悅知文化
　　　　　 105台北市松山區復興北路99號12樓
訂購專線 ｜ (02) 2719-8811
訂購傳真 ｜ (02) 2719-7980
悅知網址 ｜ http://www.delightpress.com.tw
客服信箱 ｜ cs@delightpress.com.tw
ISBN : 978-986-510-131-2

建議售價 ｜ 新台幣380元
初版一刷 ｜ 2021年03月
初版四刷 ｜ 2021年11月

國家圖書館出版品預行編目資料

朝。食光：款待家人的早餐提案，手作麵包
× 暖胃湯品 × 舒食米飯，60 道美好料理
／梁郁芬（Eve）著 . -- 初版 . -- 臺北市：
精誠資訊，2021.03
　　面；　公分
ISBN 978-986-510-131-2（平裝）
1. 食譜

427.1　　　　　　　　　　　110001048

建議分類 ｜ 生活風格・烹飪食譜

讓家的味道
陪伴孩子長大、
替全家人帶來幸福感，
不妨從早晨的第一餐開始。

──────《朝。食光》

請拿出手機掃描以下QRcode或輸入
以下網址，即可連結讀者問卷。
關於這本書的任何閱讀心得或建議，
歡迎與我們分享 ☺

http://bit.ly/37ra8f5